Erfolgreich Heimwerken

Do it yourself!

Lorenz Reichert

INHALTSVERZEICHNIS

VORWORT

Unsere Welt wird zunehmend schnelllebiger und komplexer. Die Menschen haben immer weniger Zeit und dafür mehr Stress. Geht heute etwas kaputt, schmeißt man es weg und kauft es lieber neu, anstatt es zu reparieren. Und womöglich bestellen auch Sie für jede Kleinigkeit einen Handwerker, damit Sie sich selbst um nichts kümmern müssen.

Doch oftmals ist das weder der einfachste noch der sorgloseste Weg. Schließlich wird es immer schwieriger, einen freien Termin bei einem Handwerker zu bekommen. Dann müssen Sie sich den Tag freinehmen, um dem Handwerker die Tür zu öffnen sowie eventuelle Fragen zu beantworten. Oder zwei oder mehr Tage, sollte sich das Projekt in die Länge ziehen. Hinzu kommt, dass Sie so lange mit dem jeweiligen Problem leben müssen, bis der Handwerker Sie davon erlöst hat – nur um letztlich möglicherweise festzustellen, dass Sie sich ein anderes Resultat erhofft haben.

Stattdessen könnten Sie sich auch selbst um das Problem kümmern und sich die Zeit, in der Sie daran arbeiten, frei einteilen. Sie könnten nach Ihren Vorstellungen vorgehen und jenes Ergebnis erzielen, das Sie sich wünschen. Sich einen Plan überlegen und diesen Schritt für Schritt in die Tat umsetzen. Sich selbst helfen, anstatt auf die Hilfe anderer angewiesen zu sein. Klingt das nicht nach einer lohnenden Alternative?

Dieses Buch soll Sie bei dieser Selbsthilfe unterstützen. Es vermittelt Ihnen das nötige Hintergrundwissen, um anfallende Arbeiten selbst in die Hand zu nehmen und richtig durchzustarten. Egal ob etwas Wichtiges repariert werden soll oder Sie etwas Altem neuen Glanz verleihen wollen, es sich um eine notwendige Reparatur handelt oder etwas, das Sie schon längst erledigt haben wollten: Packen Sie es an!

In diesem Buch erlernen Sie das notwendige Grundwissen für große und kleine Arbeiten in und an Ihrem Haus, Ihrer Wohnung, Ihrem Hobbykeller und überall dort, wo Sie gebraucht werden.

Sparen Sie sich das Geld für die Arbeitsstunden eines Handwerkers, und investieren Sie es lieber in Werkzeug, das Sie ein Leben lang begleitet. Helfen Sie sich oder anderen mit Ihren neu erlernten Skills, und blicken Sie am Ende des Tages stolz auf das Werk Ihrer Hände.

Nicht umsonst sagt man: Gute Arbeit hält ein Leben lang. Mithilfe dieses Buchs werden Sie genau solche Arbeit produzieren und sich an dem Lohn Ihre Mühe erfreuen.

DIE BASICS DES HEIMWERKENS

Fragen Sie sich, ob Sie dieses Buch wirklich benötigen? Denken Sie nur daran, was alles in einem Haus kaputtgehen kann. Die Antwort darauf ist einfach: Alles. Auch wenn Sie davon nicht Reparables abziehen und jene Reparaturen, die einen Fachmann benötigen, bleiben immer noch eine Menge Szenarien, in denen genau *Sie* gefragt sind. Hinzu kommen noch diverse Wartungsarbeiten – und rasch erklärt sich der Umfang dieses Buches. Stellen Sie sich nur einmal vor, Sie müssten für jedes der auf den nächsten Seiten folgenden Probleme einen Handwerker rufen!

Ein eigenes Heim ist stets mit Arbeit verbunden. Das ist mitunter stressig, wenn Sie neben dem Job wenig Zeit haben, und kann auch schnell das Gefühl auslösen, all dem nicht gewachsen zu sein. Wenn Sie aber nicht immer wieder auf einen Handwerker warten und von diesem abhängig sein wollen, sondern etwas dazulernen möchten und sich selbst helfen wollen, dann sind Sie mit diesem Buch bestens beraten.

Zwar mag es auf den ersten Blick umständlich erscheinen, sich vor Arbeitsbeginn erst einmal hinzusetzen und ein Buch zu lesen, aber wie heißt es: Am Ende ist man immer schlauer. Und jeder, der sich bereits einer handwerklichen Aufgabe gewidmet hat, für die er nur einen provisorischen Plan hatte, hat bemerkt, dass immer irgendetwas fehlt oder nicht funktioniert, wenn es gerade am unpassendsten ist. In den allermeisten Fällen spart es daher Zeit, sich zuvor vernünftig mit der Materie auseinanderzusetzen. Außerdem lassen sich so häufig Fehler vermeiden, die Ihnen anderenfalls womöglich erst auffallen, wenn Sie dachten, gerade fertig geworden zu sein.

Dieses Buch soll Ihnen bei all diesen Punkten eine Hilfe sein. Es bereitet Sie auf die anstehenden Arbeiten vor, vermittelt Ihnen das nötige Hintergrundwissen, um sich gut auszurüsten, und führt Sie schließlich übersichtlich und klar verständlich durch die verschiedenen Schritte der jeweiligen Aufgaben. Dadurch sparen Sie sich die Mühe, selbst einen Lösungsweg für Ihr Problem finden zu müssen – und Sie sparen sich vor allem Nerven, die Sie etwaige Probleme gekostet hätten. Abgesehen davon reicht es, nur ein einziges Mal etwas beim Kauf im Baumarkt zu vergessen – und schon hätten Sie eine Menge Zeit verloren, um diesen Fehler wieder auszugleichen. Mit guter Vorbereitung hätten Sie sich diese Zeit hingegen sparen können.

So werden wir im Folgenden auch eine Liste an wichtigem Werkzeug und Equipment erstellen, auf das Sie bei heimischen Arbeiten nicht verzichten sollten. Zuvor folgen aber noch ein paar grundlegende Worte.

Wenn Sie Arbeiten an Ihrem eigenen Heim vornehmen, setzen Sie sich nicht unnötig unter Druck: Niemand erwartet von Ihnen sofort perfekte Arbeit! Vertrauen Sie auf Ihr Können, und trauen Sie sich ruhig etwas zu – aber vergeben Sie sich auch eventuelle Fehler oder Imperfektionen. Zwar soll Ihre Arbeit primär ihren Zweck erfüllen, der Spaß bei der Sache ist aber fast genauso wichtig. Dieses Buch soll Sie ermutigen, auf

Ihr Können zu vertrauen und Ihre Fertigkeiten zu verbessern. Wichtig dabei ist, dass Sie alle anfallenden Arbeiten locker angehen und sich die nötige Zeit dafür nehmen. Handwerklich zu arbeiten, wirkt auch entspannend und meditativ, Sie können dabei abschalten, Ihre Hände machen lassen und am Ende das Werk Ihrer Mühen bewundern.

Haben Sie aber beruflich oder anderweitig gerade viel Stress und wenig Freizeit und stehen zusätzlich noch vor einer Baustelle in Ihrem Haus, um die Sie sich kümmern müssen, kann die Stimmung sehr schnell in Frust über die unerwünschte Zusatzarbeit umschlagen. Erfahrungsgemäß arbeitet man in so einer Situation hektischer, weil man schnell fertig werden und sich den angenehmeren Teilen des Alltags widmen möchte. Dadurch entstehen häufig Fehler – und diese resultieren in mehr Frust und auch mehr zeitlichem Aufwand, um die Fehler zu beheben.

Nehmen Sie sich daher stets, auch wenn es Sie Überwindung kosten mag, die Zeit, in Ruhe zu arbeiten. Lesen Sie den nötigen Abschnitt vollständig, bevor Sie anfangen! Übertragen Sie das Gelesene auf Ihren spezifischen Fall, und gehen Sie dann noch einmal alle Arbeitsschritte im Kopf durch. Handelt es sich um ein größeres Projekt, erstellen Sie einen Zeitplan. Überlegen Sie, an welchen der nächsten Tage Sie wann und wie lange Zeit haben, welchen Arbeitsschritt Sie wann ausführen möchten und wann Sie gern fertig wären. Eine Treppe beispielsweise können Sie nicht an einem Tag lackieren. Damit die Treppe noch benutzbar bleibt, während der Lack trocknet, sollten Sie immer nur jede zweite Stufe lackieren. Das bedeutet: an einem Tag die erste Hälfte der Stufen, am nächsten Tag die andere Hälfte – und das so oft wie nötig. Sollten Sie also wissen, dass am Samstag Besuch kommt, wäre es unpraktisch, am Donnerstagabend mit dem Projekt zu beginnen, auch wenn es natürlich toll wäre, wenn die Treppe dann in neuem Glanz erstrahlt. Bevor Sie dann am Sonntag aber etwaige Fußabdrücke aus dem noch nicht getrockneten Lack schleifen müssen, beginnen Sie lieber erst dann, wenn Sie ihr Zuhause wieder für sich haben.

Am allerwichtigsten aber ist: Achten Sie auf ihre körperliche Unversehrtheit! Auch dafür ist es sehr wichtig, nicht übereilt oder hastig zu arbeiten. Vor allem Sägen, aber auch Bohren, Hämmern oder das bloße Aufstellen einer Leiter sind Anwendungen, denen Sie Ihre volle Konzentration schenken müssen. Stellen Sie sich vor, Sie bohren mit einer kräftigen Schlagbohrmaschine kopfüber in die Decke und dann fällt Ihre Leiter um, weil ein Fuß auf etwas draufstand und gekippelt hat.

Unterschätzen Sie niemals, wodurch bzw. wobei Sie sich verletzen können. Seien Sie also vorsichtig, legen Ihr Handy am besten ganz zur Seite, während Sie arbeiten, und konzentrieren Sie sich vollends auf ihre Arbeitsschritte. Dann sind Sie auch schneller fertig und liefern bessere Arbeit ab!

WIE SIE IHR WERKZEUG FACHGERECHT VERWENDEN

Was Sie grundsätzlich über Werkzeug wissen sollten

Keine Sorge: Selbst wenn Sie noch über gar kein Werkzeug verfügen, müssen Sie keinen Kredit aufnehmen, um die Arbeiten, die in diesem Buch erklärt werden, durchzuführen. Allerdings sollten Sie auch nicht zu sparsam sein, denn das kann sich gerade bei Werkzeug schnell rächen.

Zwar muss es nicht das teuerste Werkzeug sein, aber es *sollte* auch nicht das günstigste sein. Dieser Grundsatz gilt vor allem für „komplexeres" Werkzeug wie Akkubohrer oder Schleifgeräte, die aufwendige Elektronik sowie gegebenenfalls Zusatzfunktionen verbaut haben. Natürlich dreht ein günstiger Akkubohrer grundsätzlich genauso Schrauben heraus wie ein teurer. Unterscheiden können sich beide dennoch stark voneinander. Der günstige Akkubohrer wird ein Plastikgehäuse haben, der teure eines aus Metall. Der teure ist besser gegen Witterungen geschützt, der günstige fängt womöglich nach einem Jahr zu rosten an. Der günstige kann Schrauben rein- und rausdrehen, der teure hat verschiedene Drehgeschwindigkeiten und vielleicht noch eine Schlagbohrfunktion, mit der Sie sogar in dicke Wände bohren können. Bei teuren Bohrern hat der Akku außerdem meist mehr Kapazität und hält länger. Manche Akkubohrer haben auch kleine Gadgets integriert wie ein Licht unter dem Bohrkopf, das automatisch leuchtet, wenn Sie den „Abzug" drücken – äußerst praktisch, wenn Sie in dunklen Ecken bohren wollen oder es beim Bau des Gartenhauses etwas später geworden ist.

Doch egal wie groß oder klein die Unterschiede im Funktionsumfang sind – am Ende kommt es darauf an, dass ein günstiger Akkubohrer meist nur ein paar Jahre hält, ein teurer hingegen oft das ganze Leben. Dementsprechend lässt sich auf lange Sicht viel Geld sparen, wenn man einmal gute Qualität kauft.

Dieser Punkt gilt auch für „simples" Werkzeug wie Schraubenzieher, Maulschlüssel, Hämmer, etc. Hier mögen die Unterschiede in der Funktionsweise lediglich graduell sein – die Verarbeitungsqualität kann aber genauso wie bei komplexerem Werkzeug, wenn nicht sogar stärker, variieren. Ein Kreuzschraubenzieher kann beispielsweise nach ein paar hartnäckig festsitzenden Schrauben so abgerundet am Kopf sein, dass er völlig unbrauchbar ist. Bei manchen Hämmern lockert sich der Kopf irgendwann vom Stiel und fliegt schlimmstenfalls bei einem kräftigen Schlag in hohem Bogen davon. Unverlässliches Werkzeug stellt daher – nicht nur im Fall von Hämmern – auch eine Gefahr dar.

Welche Grundausstattung Ihr Werkzeugkoffer aufweisen sollte

Um sich eine Grundausstattung an Werkzeug zusammenzustellen, sind Sie am besten damit beraten, sich einen stabilen und umfangreichen Werkzeugkoffer zuzulegen. Dieser deckt die wichtigsten und grundlegendsten Werkzeuge ab. Dazu zählen:

- Kreuz- und Schlitzschraubenzieher
- Elektrikerschraubenzieher zum Spannungmessen

- Schraubenschlüssel und Maulschlüssel
- Knarre und Knarrenköpfe
- Hammer
- Wasserpumpenzange
- Akkubohrer und Bits
- Holz, Metall und Steinbohrer
- Inbusschlüssel
- Maßband
- Kombizange
- Sortiment an Nägeln, Schrauben und Dübeln

Mit jeweils einem Kreuz- und einem Schlitzschraubenzieher in durchschnittlicher Größe können Sie bereits die große Mehrheit an Schrauben verwenden. Dennoch ist es ratsam, Schraubenzieher sowohl in größeren als auch in kleineren Größen zur Verfügung zu haben. Sollten Sie einmal mit ganz kleinen Schrauben konfrontiert sein, finden sich passende Schraubenzieher zum Beispiel in Feinmechaniker-Sets.

Mithilfe eines Schraubenziehers für Elektriker können Sie prüfen, ob auf einer Leitung elektrische Spannung liegt. Dazu halten Sie jenen mit dem Ende an eine Stromleitung, berühren das hintere Ende des Schraubenziehers mit ihrem Finger und können dann sehen, ob eine Glühlampe im Inneren des Schraubenziehers aufleuchtet und damit Strom anzeigt.

Schraubenschlüssel und Maulschlüssel haben beide dieselbe Funktion: nämlich Sechskantschrauben oder -muttern festziehen oder lösen. Sie unterscheiden sich dahin gehend, dass ein Maulschlüssel die Schraube komplett umschließt, während ein Schraubenschlüssel zu einer Seite offen ist. Maulschlüssel bieten daher den besseren Halt, brauchen aber auch mehr Platz über der Schraube, um draufgesteckt zu werden, während man Schraubenschlüssel auch seitlich auf die Schraube schieben kann.

Eine Knarre (oder auch Ratsche) ist das ideale Instrument, wenn sich eine Schraube oder Mutter nicht lösen lässt oder Sie nur über begrenzten Spielraum zum Drehen Ihres Schraubenschlüssels verfügen. Es handelt sich dabei um einen Griff, an dessen Ende ein Bolzen befestigt ist, der sich sowohl gegen als auch mit dem Uhrzeigersinn drehen lässt, allerdings immer nur in eine der beiden Richtungen gleichzeitig. Das bietet den Vorteil, dass Sie die Knarre nicht in vollen Kreisen bewegen müssen, wenn Sie sie beim Drehen einer Schraube nicht absetzen wollen. Stattdessen haben Sie in eine Richtung die Hebelwirkung des Griffs und in die andere Richtung keinen Widerstand. Durch einen kleinen Schalter am Kopf können Sie die Richtung wechseln. Damit Ihre Knarre auf Schrauben passt, brauchen Sie eine Nuss, die auf den Bolzen am Kopf der Knarre gesteckt wird und in allen gängigen Schraubengrößen erhältlich ist.

Hämmer gibt es in vielen Formen und Funktionen, die klassische Variante aber, die auch für Ihre Nutzung zu empfehlen ist, ist der Schlosserhammer. Dieser verfügt über eine breite, flache Seite, die man Hammerbahn nennt, sowie über eine keilförmige Seite, die Hammerfinne. Alternativ empfiehlt sich ein sogenannter Klauenhammer, der anstelle der Hammerfinne über eine Klaue zum Herausziehen von Nägeln verfügt.

Eine Wasserpumpenzange trägt ihren Namen, weil sie eigentlich für Rohre gedacht ist und daher stark größenverstellbar ist. Jedoch kann sie auch für andere Anwendungen verwendet werden.

Neben der Wasserpumpenzange findet man üblicherweise auch eine Kombizange im Werkzeugkoffer, die – wie der Name schon sagt – sehr vielseitig einsetzbar ist: zum Beispiel zum Halten oder Greifen, zum Abtrennen von Kabeln mit dem üblicherweise verbauten Seitenschneider.

Allein angesichts des fast stets im Werkzeugkoffer enthaltenen Akkubohrers lohnt es sich, hierfür etwas mehr Geld in die Hand zu nehmen, als es die niedrigsten Angebote verlangen würden. Sehr günstige Anbieter müssen nämlich vor allem beim Akkubohrer sparen, da dieser mit Abstand die höchsten Produktionskosten aufweist. Planen Sie also, den Akkubohrer länger zu verwenden, dann investieren Sie lieber etwas mehr! Verfügen Sie bereits über einen Akkubohrer und brauchen keinen zweiten, dann kaufen Sie am besten einen Werkzeugkoffer ohne einen solchen. Nähere Informationen zum Akkubohrer finden Sie im nächsten Kapitel. Ein Set an Kreuz-, Schlitz-, Sechskant- und vielleicht sogar Torxbits ermöglicht es Ihnen, den Akkubohrer zum Schrauben zu verwenden. Sollte kein Schnellwechsler für Bits vorliegen, ist es ratsam, diesen nachzukaufen. Er erspart es Ihnen, den Schließmechanismus des Akkubohrers jedes Mal erneut öffnen und schließen zu müssen, um einen Bit zu wechseln.

Eine Grundausstattung an Bohrern erweitert den Funktionsumfang Ihres Akkubohrers und lässt Sie Löcher in die verschiedensten Werkstoffe bohren – abhängig davon, welchen Bohrer sie verwenden. Üblicherweise ist ein Set Holz-, Metall- und Betonbohrer vorhanden. Diese lassen sich gut anhand ihrer Spitze unterscheiden: Holzbohrer erkennt man daran, dass sie eine dünne, deutlich nach vorne stehende Spitze haben. Metallbohrer hingegen haben eine kegelförmige Spitze mit scharfen Schneiden und Betonbohrer eine angelötete, pfeilförmige Hartmetallplatte.

Inbusschlüssel, auch Innensechskantschlüssel genannt, können mitunter nützlich sein, werden in der Regel aber seltener gebraucht. Meist finden sich zugehörige Schrauben in zusammengebauten Möbeln.

Maßbänder gibt es üblicherweise in 2 Meter Länge im Werkzeugkoffer, aber auch 3 oder 5 Meter sind möglich. Für die Mehrheit der Anwendungen sind 2 Meter mehr als ausreichend, sollten Sie einmal etwas mit 10 Meter Länge oder mehr messen, empfehlen sich ohnehin Rollbandmaße. Dies sind flexiblere Bandmaße, die auf eine Trommel aufgewickelt sind, die zum schnelleren Einrollen über eine Kurbel an der Seite verfügt.

Zu guter Letzt findet sich normalerweise noch eine kleine Box mit Nägeln, Schrauben und Dübeln im Werkzeugkoffer, damit Sie sofort damit loslegen können, Bilder an der Wand oder Ähnliches zu befestigen.

Erweiterte Grundausstattung Werkzeug

Mit dieser Grundausstattung können Sie bereits eine Vielzahl von kleineren und größeren Reparaturen im Haus vornehmen: eine Lampe aufhängen und anschließen Ihr Abflussrohr auseinanderbauen, Schrauben in der Wand befestigen und vieles mehr.

Geht es allerdings an größere Aufgaben, wie etwa Parkettboden verlegen, werden Sie schnell merken, dass ihr Werkzeugkoffer an seine Grenzen gelangt.

Weiteres Werkzeug, das Sie früher oder später benötigen werden, umfasst:

- Kneifzange, Seitenschneider, Spitzzange
- Sägentypen
- Feilen
- Stechbeitel
- Schleifpapier
- Pinsel und Rollen
- Schraubstöcke
- Wasserwaage

Kneifzange, Seitenschneider und Spitzzange ergänzen die Wasserpumpenzange und die Kombizange um die letzten wichtigen Zangentypen in Ihrem Werkzeugsortiment. Eine Kneifzange verfügt über zwei keilförmige Schneiden und dient zum Herausziehen von Nägeln oder dem Abschneiden von Draht. Ein Seitenschneider erfüllt ähnliche Funktionen, erinnert aber aufgrund der Position der Schneiden eher an eine Schere. Ein Seitenschneider kann daher tendenziell mehr Kraft beim Durchschneiden entwickeln, dafür aber keine Nägel aus der Wand ziehen. Für Arbeiten im Haus empfiehlt es sich daher, vorerst nur eine der beiden Zangenvarianten anzuschaffen – abhängig davon, welche Vorzüge sich besser für Sie eignen. Die Spitzzange zu guter Letzt trägt ihren Namen zu Recht, da sie über lange, spitze Greifflächen verfügt und sich deshalb hervorragend zum Halten und Greifen von Gegenständen eignet, vor allem, wenn Sie über wenig Platz verfügen.

Sägen sind vor allem dann wichtig, wenn Sie mit Holz arbeiten wollen, dienen aber auch zum passenden Abschneiden von Rohren oder Profilen. Der Fuchsschwanz ist der gängigste Sägentyp für händisches Sägen und zeichnet sich durch ein breites Sägeblatt mit am Ende befestigtem Handgriff aus. Damit lassen sich sowohl dünne Leisten als auch dickere Bohlen per Hand sägen, obgleich natürlich der Kraftaufwand bei dickerem Holz umso höher wird. Eine gute Ergänzung zum Fuchsschwanz bildet die Feinsäge, mit der man feinere Schnitte durchführen kann. Für das Sägen von Plastik bietet sich die sogenannte PUK-Säge am besten an – diese hat vor allem den Vorteil, dass ihr Handgriff entlang des Sägebogens verstellt werden kann, falls dies einmal erforderlich ist.

Eine Metallsäge ist eine gute, aber auch meist anstrengende Möglichkeit, Metall zu sägen. Metallsägen verfügen über einen Handgriff, an dem ein Sägebogen befestigt ist, wo ein Metallsägeblatt eingespannt wird. Eine Metallsäge ist sehr nützlich, um beispielsweise dünne Bolzen zurechtzusägen, aber auch, wenn ein Vorhängeschloss korrodiert ist und sich nicht mehr öffnen lässt.

Mit einer Feile lassen sich sowohl Holz- als auch Metallstücke bearbeiten. Feilen unterscheiden sich in verschiedene Formen, die gängigste ist die Halbrundfeile. Sie zeichnet sich durch eine gerade und eine runde Feilenseite aus. Mit Feilen kann man beispielsweise die Enden von abgesägten Metallrohren entgraten – das bedeutet, man schleift die abstehenden Splitter und scharfen Kanten ab, damit keine Verletzungsgefahr mehr besteht.

Stechbeitel erinnern optisch an Feilen, verfügen aber über eine rasiermesserscharfe Klinge an ihrem Ende, mit der sich Aussparungen in Holz kerben oder dünne Späne entfernen lassen. Der Stechbeitel wird stets mit einem sogenannten Holzklüpfel in das Holz geschlagen, nicht mit einem Metallhammer.

Schleifpapier eignet sich hervorragend, um kleinere Flächen Holz zu schleifen und eine glatte Oberfläche zu schaffen. Für größere Flächen empfiehlt sich eine elektrische Schleifmaschine. Schleifpapier gibt es in verschiedenen Körnungen, gängig sind solche von 40 bis 180. Zu merken ist hier: Je größer die Zahl ist, desto feiner die Körnung. Oftmals empfiehlt es sich, mit einer gröberen Körnung zu beginnen und dann feiner zu werden, beispielsweise mit 80er-Schleifpapier zu beginnen und mit 240er das Finish zu machen.

Pinsel sind unabkömmlich, sobald es ums Streichen oder Lackieren geht. Rundpinsel sind die gängigste Variante – Flachpinsel, vor allem breite, empfehlen sich, sobald größere Flächen bearbeitet werden sollen. Mit Winkelpinseln kommen Sie gut in schwer zu erreichende Ecken, da die Pinselfläche abgewinkelt zum Griff ist. Auch feine Schaumstoffrollen eignen sich zum Lackieren und tragen den Lack bei richtiger Anwendung sehr gleichmäßig auf. Sollten Sie jedoch Wände oder Decken streichen wollen, sollten Sie zu einem Streichroller greifen, die üblicherweise Lammfell verwenden. Wichtig dabei ist, den Streichroller nach dem Eintauchen in den Farbeimer gut am Abstreifgitter abzurollen, da Sie sonst nicht verhindern können, mit Farbe zu tropfen.

Schraubstöcke benötigen Sie, um ihre Werkstücke zu fixieren – beispielsweise um zu bohren oder zu sägen. Ein nicht fixiertes, wegrutschendes Holzstück kann Sie der Gefahr aussetzen, sich mit Ihrem Werkzeug selbst zu verletzen. Aber auch wenn Sie zwei Holzflächen aneinanderleimen möchten und diese dafür zusammendrücken wollen, eignen sich Schraubzwingen sehr gut.

Zuletzt ist die Wasserwaage ein unersetzliches Hilfsmittel, wenn etwas gerade ausgerichtet werden soll. Egal ob waagerecht oder senkrecht: Einmal gegengehalten zeigt Ihnen die Wasserwaage genau, ob etwas gerade oder schief ist – und sollte daher in keinem Sortiment fehlen.

Grundausstattung elektrisches Werkzeug

Zu all dem bereits aufgelisteten Werkzeug kommen noch die wichtigsten elektrischen Werkzeuge hinzu, die den Akkubohrer ergänzen sollen. Dazu zählen:

- Schlagbohrmaschine
- Bohrhammer
- Stichsäge und andere Sägetypen
- Oszillationswerkzeuge
- Schleifgeräte

Wie bereits erwähnt, verfügen manche Akkubohrer auch über eine Schlagbohrfunktion, allerdings stößt auch diese irgendwann an ihre Grenzen. Spätestens wenn Sie vorhaben, in dicke Wände und vor allem Decken, aber auch hartes Holz oder Metall zu bohren, kommen Sie um eine Schlagbohrmaschine nicht herum. Es gibt Schlagbohrmaschinen mit einem Gang oder zwei Gängen. Bei großem Bohrdurchmesser empfehlen sich Bohrmaschinen mit zwei Gängen, deren zweiter Gang genügend Kraft aufbringt, auch größere Bohrungen vorzunehmen.

Für das Bohren in Betonwände empfiehlt sich ein Bohrhammer, da sich mit diesem dank seines Hammerwerks mit wesentlich weniger eigenem Kraftaufwand in den Beton bohren lässt. Allerdings lassen sich mit Bohrhämmern nur Bohrer oder Meißel für die Werkzeugaufnahme „SDS-Plus“ verwenden. Dafür lässt sich der Bohrhammer mit einem Meißel auch sehr gut zum Abschlagen von Fliesen einsetzen.

Ergänzend zu Handsägetypen gibt es auch verschiedene Typen elektrischer Sägen. Eine Stichsäge empfiehlt sich dabei am ehesten als erste Anschaffung, wenn Sie eine Ergänzung zu Ihrer Handsäge benötigen. Mit ihr lassen sich nicht nur Holz, sondern auch Kunststoffe, Keramik oder gar Metalle schneiden – abhängig davon, welches Sägeblatt Sie eingespannt haben. Auch vom Sägeblatt abhängig ist die Schnitttiefe, die Sie mit ihrer Stichsäge erreichen können, da es Sägeblätter in verschiedenen Längen gibt. Wollen Sie enge Kurven mit der Stichsäge schneiden, bieten sich dünnere Sägeblätter dafür an, die aber auch bruchanfälliger sind. Auch ein Überhitzen des Sägeblatts sollte vermieden werden, indem man es einölt, allerdings kommt es erst ab Blechen von ca. 3 mm Stärke zu diesem Problem.

Für lange, gerade Schnitte empfiehlt sich eine Handkreissäge, mit der man auch Massivholz, oder teilweise sogar Leichtmetall wie Aluminium schneiden kann. Bei Benutzung der Handkreissäge ist darauf zu achten, dass die Grundplatte stabil ist und nicht nachgibt.

Mit der Feinschnittsäge kann man dank dem dünnen, seitlich montierten Sägeblatt beinahe wandbündig schneiden, weshalb sie sich beispielsweise für Fußbodenleisten besonders gut eignet.

Mit einer Kapp- und Gehrungssäge kann man winkelgenaue Schnitte durchführen und damit Leisten, Profilbretter oder Paneele bearbeiten, allerdings nimmt eine solche Säge viel Platz ein und stellt ein eher spezielleres Werkzeug dar.

Der Begriff Oszillationswerkzeug beschreibt ein Werkzeug, mit dem sich schleifen, sägen und trennen lässt. Die verschiedenen Anwendungsmöglichkeiten hängen davon ab, ob man ein Sägeblatt oder eine Schleifplatte montiert. Mit dem Sägeblatt lassen sich Rohre schneiden oder Fliesen abtrennen, mit der Schleifplatte kann selbst Metall durchtrennt oder Türzargen gekürzt werden.

Auch wenn das Oszillationswerkzeug multifunktionell ist, bietet sich der Erwerb eines separaten Schleifgeräts durchaus an. Für große Flächen eignen sich Exzenterschleifer am besten, da sie über ein großes, kreisrundes Schleifpapier verfügen. Dreiecks-, oder Deltaschleifer hingegen können dank ihres dreieckigen Schleifpapiers auch in Ecken und Kanten vordringen. Für eine höhere Abtragsleistung sollten Sie zu einem Bandschleifer greifen und für grobe Arbeiten zu einem Winkelschleifer (auch als „Flex" bezeichnet). Letzterer eignet sich allerdings nicht zur Bearbeitung von Holz, da er darauf Einschnitte hinterlässt, und sollte daher nur für das Herunterschleifen von Schweißnähten oder zum Entrosten verwendet werden.

Nun wurde eine Menge an Werkzeug zusammengetragen – aber natürlich müssen Sie nicht alles auf einmal kaufen! Überlegen Sie sich, was Sie wann in ihrem Eigenheim repariert oder verändert haben möchten – und rüsten Sie sich dementsprechend mit Werkzeug aus.

SO BOHREN SIE RICHTIG

Allgemeines

Bohren ist eine der grundlegendsten Tätigkeiten im eigenen Haus. Egal ob man etwas an der Decke aufhängen oder ein Regal mit der Wand verschrauben will, sobald der Nagel nicht mehr genügt, muss man zur Schraube greifen. Dafür muss man allerdings – abhängig vom Baustoff, in den man bohren möchte, und von der Anwendung, für die die Bohrung vorgesehen ist – verschiedene Punkte beachten:

Am wichtigsten ist die richtige Bohrmaschine. Prinzipiell eignen sich Akkubohrer bereits für die meisten Anwendungen – vor allem, wenn sie auch mit einer Schlagbohrfunktion ausgestattet sind, um in stärkere Baustoffe bohren zu können. Dafür sollte der Akkubohrer aber auch über Qualität verfügen. Am besten orientieren Sie sich daran, welche Marken für gehobene Qualität stehen und sehen sich dann deren Angebot an: So finden Sie jenes Modell, das sowohl Ihren Ansprüchen genügt als auch in Ihr Budget passt. Dafür vergleichen Sie am besten die verschiedenen Funktionen des Akkubohrers wie Gänge, Schlagbohrfunktion und Zusatzfunktionen. Außerdem wichtig sind die Akkulaufzeiten sowie die Geschwindigkeit des Ladegeräts. Im Zweifelsfall lassen Sie sich am besten von einem Baumarktmitarbeiter beraten, da Sie diesem auch erklären können, wofür Sie den Akkubohrer genau verwenden möchten.

Das müssen Sie beachten, um Fehler zu vermeiden

Der richtige Bohrmaschinenaufsatz bestimmt, was Sie mit Ihrer Bohrmaschine bohren können. Der Bohrmaschinenaufsatz ist das, was Sie in den Schnellspanner Ihrer Bohrmaschine einspannen – also Bohrer, Fräsen, Lochsägen oder Ähnliches.

Woran Sie Bohrer für Holz, Metall oder Beton unterscheiden, können Sie im Kapitel *Werkzeuge und ihr Gebrauch* nachlesen. Sollten Sie mit dem Bohrer Ihrer Wahl nicht das gewünschte Ergebnis erzielen, überprüfen Sie Folgendes:

- Verwenden Sie wirklich den richtigen Bohrer, und ist dieser vielleicht abgestumpft?
- Sitzt der Bohrer fest im Spanner der Bohrmaschine?
- Versuchen Sie, durch nicht eingeplante Hindernisse zu bohren (bspw. Astknoten im Holz)?
- Neigt sich der Akku Ihres Akkubohrers ggf. dem Ende zu, sodass der Akkubohrer an Bohrkraft verliert?
- Haben Sie die richtige Drehrichtung eingestellt?

Sollten Sie all diese Punkte überprüft haben und dennoch nicht vorankommen, dann bedarf es wohl einer schwereren Bohrmaschine.

Möchten Sie Löcher in Holz bohren, die sich mit dem Durchmesser von gewöhnlichen Bohrern nicht mehr abdecken lassen? Dann müssen Sie entweder zu einem Forstnerbohrer oder zu einer Lochsäge greifen. Erstere eignen sich meist für Löcher kleineren Durchmessers, Letztere für Löcher mit einem Durchmesser von mehreren Zentimetern.

Wie Sie sich auf das Bohren vorbereiten

Vorbereitungen für das Bohren sind schnell getroffen. Zuerst wählen Sie den richtigen Bohrer für Ihr Vorhaben. Bei größeren Löchern empfiehlt es sich stets, mit einem kleineren Bohrer vorzubohren – vor allem bei Holz, weil es sonst aufsplittert.

Bei Bohrungen in Wände und auch Decken ist es unerlässlich, zuvor zu überprüfen, ob man in Strom- oder Wasserleitungen bohren könnte. Dafür kann man Strom- oder Wasserprüfer verwenden, die man an die gewählten Stellen an Wand oder Decke richtet.

Bei Bohrungen in Wände oder Decken empfiehlt es sich außerdem, ein Tuch unter das Bohrloch zu legen – oder eine zweite Person einen Staubsauger neben den Bohrer halten zu lassen, damit aufkommender Staub sofort weggesaugt werden kann. Bei Bohrungen in Werkstoffstücke, die verrutschen können, einzelne Holzplatten beispielsweise, müssen Sie das zu bohrende Objekt unbedingt fixieren, bevor Sie zu bohren beginnen.

Wie Sie die Bohrung korrekt durchführen

In Bezug auf das Bohren selbst müssen Sie nach den Vorbereitungen nicht mehr viel beachten. Fassen Sie die Bohrmaschine fest an, achten Sie penibel darauf, gerade zu bohren, also im rechten Winkel zur Wand – und üben Sie bestimmt, aber nicht zu stark Druck aus. Achten Sie darauf, dass Ihr Bohrer nicht überhitzt und Ihre Bohrmaschine auch nicht – bohren Sie also nicht zu oft oder zu lange in zu kurzer Zeit. Wie oft und wie lang, das hängt allerdings vom Werkstoff und der Lochgröße ab – Sie müssen es also selbst überprüfen.

Vor allem, wenn Sie in Wände bohren, können Sie in das Bohrloch nicht direkt eine Schraube drehen, sondern brauchen dafür einen Dübel. Diese gibt es in vielen unterschiedlichen Varianten – am wichtigsten für die in diesem Buch beschriebenen Anwendungen ist allerdings der typische Standard-Spreizdübel aus Polyamid. Dieser dehnt sich aus, wenn man eine Schraube in ihn hineinschraubt, und hält die Schrauben so fest in der Wand. Zu beachten ist hier, dass die richtige Dübelgröße gewählt wird. Auf der Verpackung des Dübels steht die passende Länge oder der Durchmesser der zu wählenden Schraube. Außerdem ist der Verpackung die richtige Größe des Bohrlochs zu entnehmen.

SO STREICHEN UND TAPEZIEREN SIE RICHTIG

Diese Entscheidungen müssen Sie vorab treffen

Nur wenige Arbeitsschritte können mit wenig Aufwand so massive Veränderungen in Ihrem Haus oder Ihrer Wohnung hervorrufen, wie Wände neu zu streichen oder zu tapezieren. Ihre Möglichkeiten sind dabei grenzenlos. Sie können sich für verschiedene Wandfarben in verschiedenen Räumen entscheiden, an die Sie Ihr Interieur anpassen. Sie können versuchen, die Decke eines Raumes in einer anderen Farbe zu streichen. Sie können verschiedene Farben und sogar Muster miteinander kombinieren und Ihren eigenen Stil kreieren. Aber selbst, wenn Sie „nur" die alte weiße Farbe eines Raumes mit neuem, leuchtendem Weiß übermalen, wirkt der Raum völlig anders und vermittelt ein viel angenehmeres Wohngefühl.

Damit Sie Ihr Zuhause nach ihren Wunschvorstellungen gestalten können und das Ergebnis erzielen, das Sie sich im Geiste vorgestellt haben, gehen wir in diesem Kapitel alle zu beachtenden Schritte, Tipps und Tricks durch.

So sollten Sie nicht einfach drauflos streichen, sondern sich einen Plan überlegen, in welchem Raum Sie welche Farbe an der Wand oder Decke haben möchten. Soll nur ein einziger Raum neu gestrichen oder lediglich die weiße Wandfarbe einmal in allen Räumen aufgefrischt werden, fällt diese Überlegung natürlich weg. Sobald Sie aber einen Schritt weitergehen, als nur mit Weiß zu arbeiten, sollten Sie sich die finale Farbwahl gut überlegen. Bestenfalls soll der Anstrich ja für ein paar Jahre bestehen bleiben. Außerdem lädt eine solch grundlegende Veränderung im Design eines Raumes oft auch zu weiteren Neuerungen im Interieur ein. Schließlich müssen Sie ohnehin einiges herumräumen, um genügend Platz zum Streichen zu haben – warum also nicht gleich überlegen, ob man die Inneneinrichtung umstellt oder einzelne Objekte austauscht, ergänzt oder weglässt?

Stellen Sie sich vor, Sie streichen Ihr Wohnzimmer in einem lebendigen Hellgrün, vielleicht nur eine Wand, womöglich alle. So oder so erzielen Sie einen riesigen Unterschied im Vergleich zu einem reinweißen Raum. Nun fragen Sie sich, was Sie sich in diesem Raum noch vorstellen könnten. Was wollten Sie vielleicht schon immer zu ihrem Interieur hinzufügen? Einen kleinen Ablagetisch, einen Lesesessel, eine ausgefallene Lampe? Neue Pflanzen? Ein Aquarium? Was hat Sie schon seit Längerem gestört, das sie gern loswerden würden? Oder wollen Sie nicht nur ihre Wände streichen, sondern auch so manches schlichtweiße Ikea-Regal in neuem Glanz erstrahlen lassen?

Ihre Möglichkeiten sind grenzenlos, und das Endergebnis wird Ihr Wohnerlebnis maßgeblich beeinflussen. Nehmen Sie sich daher zuvor Zeit, sich über alles Gedanken zu machen. Blättern Sie in Designbroschüren, schlagen Sie einmal Farblehre im Raumdesign nach, oder probieren Sie ein Einrichtungsprogramm aus, mit dem Sie Ihren Raum virtuell gestalten können.

Haben Sie all diese Dinge geklärt, beginnt die eigentliche Arbeit. Vorher aber überlegen Sie noch einmal, ob Sie den Raum, den Sie streichen möchten, tatsächlich schon streichen sollten: Müssen keine

Leitungen mehr verlegt, oder Rohre ausgebessert werden? Finden vielleicht noch andere Arbeiten in diesem Raum statt, die die frisch aufgetragene Farbe beschmutzen könnten? Brauchen Sie den Raum in den nächsten Tagen? Frische Farbe riecht nicht nur unangenehm, sondern ist auch nicht förderlich für die Gesundheit, weshalb Sie gut lüften und den Raum vorerst nicht verwenden sollten.

Falls Sie sich nicht sicher sind, ob Sie streichen oder tapezieren wollen, bietet Ihnen der folgende Absatz eine Hilfe, diese Entscheidung abzuwägen. Abnehmen kann Ihnen diese aber niemand, da es weniger eine Frage der technischen Möglichkeiten ist, sondern eher eine der persönlichen Präferenz.

Streichen erfolgt intuitiv – und wenn die Oberfläche der Wand glatt ist, können Sie mit einem Eimer Farbe und der richtigen Rolle in ein paar Stunden viele Quadratmeter Wand bearbeiten. Sie können zwischen einer Vielzahl von Farben auswählen und wenn Sie die Geduld dafür mitbringen, mit Klebeband Muster an der Wand abkleben, die Sie dann mit verschiedenen Farben ausfüllen.

Tapezieren hingegen ist weniger intuitiv, bietet dafür aber noch mehr individuelle Gestaltungsmöglichkeiten. Es gibt Tapeten in allen erdenklichen Mustern – werfen Sie einfach einen Blick in ein sogenanntes Tapetenbuch etwa in einem Baumarkt, um sich von den verschiedenen Mustern inspirieren zu lassen. Auch Fototapeten sind heute möglich und bieten neue Gestaltungsmöglichkeiten. Ihre Entscheidung ist also gänzlich von Ihren designtechnischen Überlegungen abhängig, und es lohnt sich, hier sorgfältig vorzugehen.

Diese Vorkehrungen müssen Sie vorab treffen

Stehen Sie nun tatbereit vor der Wand, die Sie tapezieren oder streichen wollen, sollten Sie diese zuerst einmal auf ihren Zustand überprüfen.

Gibt es deutlich erkennbare Flecken oder Verfärbungen? Dann sollten Sie darauf achten, dass Ihre Farbe dort besonders gut deckt, damit Ihnen später nicht auffällt, dass so mancher Fleck noch durch die Farbschicht erkennbar ist. Kreidet oder sandet der Altanstrich? Wischen Sie mit einem dunklen Tuch über die Wand und kontrollieren Sie, ob Sie darauf helle Rückstände finden. Ist der Putz noch fest und tragfähig? Kratzen Sie mit einem Messer in die Oberfläche: Löst sich Kalk- oder Sandstein und fügen Sie dem Putz tiefere Kerben hinzu, lässt dies auf mürben Putz schließen. Hält die Farbe noch fest auf dem Untergrund? Kleben Sie etwas Klebeband an die Wand und ziehen Sie es anschließend wieder ab. Bleiben Farbreste am Klebeband, muss die Fläche gewaschen und anschließend mit Tiefengrund vorbehandelt werden.

Sollte Ihre Wand sanden oder gar bröckeln oder Wassertropfen sehr schnell aufsaugen, dann sollten Sie wohl vor dem ersten Anstrich eine Grundierung auftragen. Dafür eignet sich Tiefengrund am besten, den Sie mit einer sogenannten Deckenbürste gleichmäßig auftragen. Sandet die Wand anschließend nicht mehr und nimmt auch Feuchtigkeit nicht mehr so stark auf, ist die Wand bereit für den ersten Anstrich.

Weist die Wand Unebenheiten auf, müssen diese gespachtelt werden. Entfernen Sie losen Putz, bevor Sie ein Loch oder einen Riss spachteln. Seien Sie dabei aber auch nicht zu rigoros. Bei diesem Unterfangen können Sie auch die halbe Wand abtragen und es wäre immer noch Putz lose. Beschränken Sie sich auf die unmittelbare Umgebung des Lochs oder Risses und entfernen Sie wirklich nur *losen* Putz. Tragen Sie den Gipsspachtel gleichmäßig auf die Wand auf, achten Sie darauf, alles glattzustreichen, und warten Sie anschließend lang genug, bis der Spachtel getrocknet ist.

Wollen Sie Farbe kaufen, müssen Sie noch einige Dinge beachten. Weiß mag zwar weiß sein, Farben unterscheiden sich dennoch qualitativ voneinander. Günstige Farben sind meist weniger deckend, man braucht also mehr Farbe für dieselbe Anzahl Quadratmeter als mit guter Farbe. Dadurch kann es sein, dass günstige Farbe tatsächlich gar nicht so viel günstiger ist als teure Farbe. Günstige Farbe spritzt zudem meist mehr herum, wenn Sie sie mit einer Farbrolle auftragen, was letztlich zu mehr Putzarbeit führen kann. Es lohnt sich daher, nicht nur zur günstigsten Farbe zu greifen.

Achten Sie also auf den genauen Farbton, dass die Farbe deckend ist und es sich um eine sogenannte RAL-Farbe handelt. Eine nach dem RAL-System normierte Farbe können Sie nämlich dank der Normierung jederzeit problemlos nachkaufen. Qualitativ hochwertige Farben sind außerdem gut gegen Nassabrieb geschützt, der beispielsweise auftreten kann, wenn Sie später mit einem feuchten Tuch über die Wand wischen wollen, um eine Stelle zu reinigen.

Haben Sie Ihre Farbe gefunden, brauchen Sie nur noch eine Farbrolle, einen Pinsel, eine Farbwanne, ein Abstreifgitter sowie breites Klebeband. Handschuhe und Arbeitskleidung, auf der Farbspritzer kein Problem darstellen, sind zudem empfehlenswert. Ein Käppi eignet sich außerdem sehr gut, um die Haare vor Farbspritzern zu schützen. Soll der Boden keine Farbspritzer abbekommen, dann bietet es sich an, alte Bettlaken, Bettwäsche oder Handtücher darauf auszulegen. Als Nächstes müssen Sie nur noch mit Klebeband alle Stellen an der Wand abkleben, auf die keine Farbe gelangen soll, beispielsweise Steckdosen oder Lichtschalter. Dafür eignet sich Maler-Kreppband am besten, da es extra breit ist, um ein Übermalen besser zu verhindern. Nun sind Sie bereit, loszulegen! Denken Sie allerdings daran, dass die Ausdünstungen von mancher Farbe gefährlich sein können, wenn Sie ihnen zu lange ausgesetzt sind. Gerade in kleinen Räumen sollten Sie unbedingt darauf achten, viel zu lüften und hin und wieder Pausen zu machen, um frische Luft zu atmen. Wenn Sie Anzeichen von Kopfschmerzen,

Schwindel oder Müdigkeit wahrnehmen, gehen Sie unbedingt an die frische Luft, lüften Sie gut, und pausieren Sie mit der Streicharbeit.

Beim Streichen achten Sie darauf, die Farbe möglichst gleichmäßig auf der Wand zu verstreichen. Vor allem, wenn Sie weiß mit weiß überstreichen wollen, können Sie schnell den Überblick verlieren, wo Sie bereits gestrichen haben. Fangen Sie daher am besten nicht einfach irgendwo an, sondern gehen Sie nach einem bestimmten Muster vor. Schauen Sie beim Streichen auch noch auf Stellen zurück, die Sie bereits gestrichen haben. Wenn Farbe antrocknet, kommen Stellen, bei denen Sie nicht so gründlich waren, besser zum Vorschein.

Was Sie über das Tapezieren wissen müssen

Beim Tapezieren sind natürlich andere Arbeitsschritte notwendig als beim Streichen. Genau wie bei der Wahl des richtigen Farbtons müssen Sie zunächst die richtige Tapete für Ihren Raum oder Ihre Räume aussuchen. Dabei bedenken Sie Folgendes: Durch senkrecht gestreifte Tapeten wirkt ein Raum höher, durch waagerecht gestreifte Tapeten breiter beziehungsweise niedriger. Durch ein großes Muster auf der Tapete wirkt der Raum außerdem größer.

Möchten Sie nach der erfolgreichen Wahl Ihrer Tapete mit dem Tapezieren anfangen, bildet den ersten Schritt erneut die Vorbereitung der Wand. Wichtig beim Tapezieren ist, dass die Wand komplett glatt ist. Das bedeutet, Sie müssen die alte Tapete erst komplett entfernen sowie eventuelle Unebenheiten in der Wand ausbessern. War die Wand zuvor gestrichen, gilt dies natürlich ebenso. Löcher, Risse oder Ähnliches müssen sorgfältig gespachtelt werden.

Ist die alte Tapete hartnäckig zu entfernen, bieten sich Tapetenlösemittel wie Metylan an. Ein Spachtel ist das Werkzeug der Wahl, um die alte Tapete von der Wand abzukratzen. Bei der Vorbereitung der Wand lohnt es sich, gründlich vorzugehen und sich Zeit zu lassen. Durch sorgfältige Arbeit können Sie später beim Tapezieren viel Zeit einsparen und erzielen auch wesentlich bessere Ergebnisse.

Ist die Wand nun vorbereitet, brauchen Sie nur noch den richtigen Kleister, damit die Tapete an der Wand haften kann. Tapeten unterscheiden sich neben ihrer Art und ihrem Aussehen auch in ihrem sogenannten Trägerstoff. Dies ist die untere Schicht der Tapete, die an die Wand geklebt wird. Von dieser ist abhängig, welchen Kleister man verwenden muss.

Bei Vliestapeten, die aus Zellstoff- oder Polyesterfasern bestehen, muss man Vliestapetenkleber einsetzen, der auf die Wand aufgetragen wird, wo man die Tapete anschließend aufklebt.

Raufasertapeten hingegen werden auf einem Tapeziertisch mit Kleister bestrichen und anschließend an die Wand geklebt.

Welcher der richtige Tapetenkleister für Ihre Tapete ist, entnehmen Sie den Herstellerangaben der Tapete. Dort wird angegeben, welcher Kleister sich am besten eignet und wie dieser anzuwenden ist, also beispielsweise in welchem Mischverhältnis er mit Wasser angerührt werden muss.

So tapezieren Sie richtig

Haben Sie all dies beachtet, können Sie mit dem Tapezieren beginnen. Am wichtigsten dabei ist, dass die Tapete später lang an der Wand hält und sie gerade angebracht wird. Dabei sollte man sich nicht an einer Wandecke orientieren – auch wenn Ihre Wände einen rechtwinkligen Eindruck machen, kann es sein, dass sie nicht gerade sind. Ziehen Sie daher mithilfe einer Wasserwaage und eines Bleistifts eine gerade Linie und orientieren Sie sich an dieser.

Bei Vliestapeten tragen Sie dann den Kleister zunächst in den Wandecken auf und verteilen ihn von dort großzügig auf der Wand. Danach schneiden Sie die Tapete mit etwas Überhang oben und unten zurecht und rollen sie so auf, dass sich die Unterschicht außen befindet.

Nun beginnt die Feinarbeit. Sie setzen die Tapete senkrecht zu Ihrer gezeichneten Linie an und achten darauf, dass sie gerade ist. Dann drücken Sie die Tapete gegen die Wand und entfernen mit einer Tapezierbürste sämtliche entstehenden Blasen, indem Sie damit vorsichtig über die Tapete rollen. Gehen Sie dabei von der Mitte zu den Rändern hin, und drücken Sie die Tapete fest an die Wand. Sollte dabei Kleister auf die Tapete gelangen, entfernen Sie diesen umgehend mit einem feuchten Tuch.

Klebt die Tapete an der Wand, müssen die überstehenden Enden mit einem scharfen Cuttermesser abgetrennt werden. Nehmen Sie hier am besten wieder ein gerades Werkzeug zu Hilfe wie Ihre Wasserwaage, die als Lineal fungiert.

Jetzt müssen Sie diese Schritte so lange wiederholen, bis die gesamte Wand bedeckt ist. Da Sie dafür gesorgt haben, dass das erste Tapetenstück gerade ist, können Sie sich fortan an diesem orientieren. Bei gemusterten Tapeten kommt allerdings noch hinzu, dass das Muster der einzelnen Tapetenstücke auf genau gleicher Höhe sein muss, damit die Übergänge nicht sichtbar sind. Der sogenannte Rapport gibt dies in Symbolen an.

Beachten Sie übrigens, die Fenster geschlossen zu halten, während Sie tapezieren, und die Tapeten danach zu trocknen. Der Luftzug kann ansonsten dazu führen, dass sich die Ränder der Tapete lösen.

SO VERLEGEN SIE NEUEN FUßBODEN

Zwischen diesen Fußbodenarten müssen Sie sich entscheiden

Fußböden sind – im wahrsten Sinne des Wortes – eine sehr grundlegende Angelegenheit in Ihren eigenen vier Wänden. Ähnlich wie die Wandfarbe oder das Tapetenmuster beeinflussen sie die Wirkung eines Raumes stark. Da einen neuen Fußboden zu verlegen allerdings mit mehr Aufwand verbunden ist, als eine Wand neu zu streichen, wenn einem der Farbton nicht mehr gefällt, sollte die Entscheidung sorgfältig stattfinden.

Zunächst erfolgt ein Überblick über die verschiedenen Arten von Bodenbelägen. Neben Teppichboden ist zu wählen zwischen:

- Parkettboden
- Laminatboden
- Vinylboden
- Designboden
- Korkboden

Um Ihnen bei der Entscheidung zu helfen, werden nachfolgend die wichtigsten Eigenschaften der verschiedenen Beläge zusammengefasst.

Parkettboden ist die teuerste der genannten Lösungen, hinsichtlich seines Aussehens und seiner Vorzüge aber auch die hochwertigste. Parkett besteht aus natürlichem Holz, wodurch es optisch durch seine Holzmaserung besticht und sich positiv auf das Raumklima auswirkt, da es auch an kalten Tagen angenehm warm ist. Zwar ist es anfälliger für Nässe und Kratzer, lässt sich dafür aber auch wieder glattschleifen und sieht danach wie neu aus. Parkett ist also eine hochwertige und langlebige Wahl – die jedoch ihren Preis hat.

Laminatboden wird oft mit Parkett verwechselt, da sich beide optisch ähneln. Laminat besteht allerdings aus gepresstem Kunststoff und ist daher wesentlich günstiger, strapazierfähiger als Parkett, unempfindlicher gegenüber Nässe und pflegeleichter. Dafür kommt Laminat in unterschiedlichen Preisklassen mit qualitativen Unterschieden vor. Diese äußern sich beispielsweise in der Breite der einzelnen Laminatreihen, der Dämmung oder dem Trittschall. Letzteren müssen Sie gegebenenfalls sogar selbst hinzufügen, da der Bodenbelag allein dafür unter Umständen nicht genügt.

Auch Vinylboden ähnelt optisch Holz und ist sogar noch widerstandsfähiger als Laminat. Das macht ihn besonders für Familien attraktiv, außerdem ist er leicht zu verlegen und bietet ein gutes Preisleistungsverhältnis.

Designboden kann sowohl Holz als auch Metall oder Stein optisch imitieren, besteht aber auch aus Kunststoff und ähnelt Vinylboden. Auch dieser ist fußwarm und lässt sich leicht reinigen.

Korkboden ist sogar noch vielseitiger, was sein Design angeht, und lässt einem in dieser Hinsicht alle Möglichkeiten offen. Für feuchte Räume ist er allerdings ungeeignet, da er sich ausdehnen würde. Ebenso können dem Boden auf Dauer schwere Gegenstände oder zu viel Sonnenlicht Schaden zufügen. Jedoch ist er nach unten isoliert, zudem wasserundurchlässig und dämpft Trittschall sehr effektiv.

Wie Sie Fußboden fachgerecht verlegen

Haben Sie die Entscheidung, welcher Boden für Sie am besten ist, getroffen, müssen Sie diesen nun verlegen. Grundsätzlich ähneln sich die Arbeitsschritte bei sämtlichen Bodenarten, doch bestehen Unterschiede in den Details.

Parkett lässt sich auf verschiedenen Untergründen nicht verlegen – dazu zählen: alte Teppichböden, Nadelfilzböden oder Steinholz-Estriche. Außerdem unterscheiden sich die Verlegetechniken von Fertigparkett und Massivholzdielen zwischen schwimmender Verlegung, vollflächiger Verklebung oder schwimmend auf Elastilon. Welche der drei Methoden wiederum die richtige ist, hängt vom Untergrund ab und wird vom Hersteller angegeben. Auch die Trockenzeiten von Parkett variieren, abhängig von der Art des Untergrunds. Sicherheitshalber sollten Sie außerdem zwei Wochen mehr für das Trocknen einplanen als angegeben.

Verlegen Sie Parkett in größeren Räumen, benötigen Sie außerdem Dehnfugen. Und zwar nach 8 m Richtung Dielenbreite und 10 m Richtung Dielenlänge – außerdem zu angrenzenden Bodenbelägen, Raumeinschnürungen, unter Türen und bei Bewegungsfugen im Unterboden.

Unebenheiten bis zu 3 mm im Unterboden sind noch tolerierbar, größere Differenzen müssen mit Spachtelmasse ausgeglichen werden. Verlegen Sie auf Zementestrich, Anhydritestrich, Magnesiaestrich, mineralischen Nivelliermassen oder auf Keramikfliesen, dann müssen Sie außerdem eine sogenannte Dampfbremse verlegen. Diese verhindert, dass Feuchtigkeit vom Untergrund in das Parkett eindringt. Die Bahnen der Folie müssen mit 10 cm Überlappung und die Stöße außerdem mit Alu-Dichtband verklebt werden. Sollte das Parkett überdies eine Trittschalldämmung benötigen, damit Schritte darauf später nicht so laut zu hören sind, verlegen Sie diese über der Dampfbremse. Trittschalldämmung ist ebenfalls eine Folie, die bündig ausgelegt wird und nicht überlappen darf. Anschließend wird eine Bodenunterlage verlegt, um kleinere Unebenheiten auszugleichen. Ist die Dampfbremsfolie in die Unterlage integriert, dichten Sie die umliegenden Ränder mit Dicht- und Distanzband ab. Den Distanzschaum entfernen Sie nach Verlegung des Bodens wieder, das Dichtband bleibt.

Nun können Sie mit dem Verlegen beginnen. Zuvor sollten Sie das Parkett allerdings 48 Stunden im Verlegeraum lagern, damit es sich an die Raumbedingungen anpasst.

Für die erste Reihe Parkett, die Sie an der Wand verlegen, müssen Sie die Federn absägen. Dabei handelt es sich um die überstehende Kanten, die bei der folgenden Diele in die Nut eingeführt wird und in diesem Fall entfernt werden muss, um die Diele bündig an der Wand zu verlegen.

Anschließend können weitere Dielen in der Reihe eingefügt werden. Für die letzte Diele der Reihe müssen Sie den erforderlichen Restabstand zur Wand ermitteln und diesen zuschneiden. Beachten Sie dabei, dass mit der Handsäge von oben und mit Elektrosägen von unten gesägt wird.

Setzen Sie nun das letzte Stück ein. Das abgesägte Reststück verwenden Sie für den Start der nächsten Dielenreihe, damit diese am Ende automatisch wandbündig ist. Dafür sollte das Reststück allerdings nicht kürzer als 30 cm sein. Für das Ansetzen der nächsten Reihe verwenden Sie entweder das Fold-Down- oder das Snap-System. Diese Systeme unterscheiden sich lediglich darin, wie die Parkettdielen ineinander eingesetzt werden.

Für die letzte Dielenreihe muss mindestens 5 cm Breite einberechnet werden. Sollte die Reihe schmaler werden, müssen Sie die erste Reihe längs beschneiden, damit die letzte Reihe dementsprechend breiter werden kann.

An Heizungsrohren markieren Sie die Position der Rohre auf der Diele und sägen anschließend mit einem Kreisschneider Löcher in der Größe des Rohrdurchmessers zuzüglich 10 mm. Dann schneiden Sie die Diele längs durch die Löcher und leimen das Stück zwischen Wand und Heizungsrohr.

Bei Türzargen sägen Sie die Türzarge ein, um die Diele darunter zu verlegen. Dafür halten Sie eine Diele an die Zarge und sägen auf der Höhe der Diele. Zargen aus Stahl werden allerdings nicht gekürzt, stattdessen wird die Diele in Form der Zarge zugeschnitten.

Als Letztes bringen Sie die Sockelleisten an. Dafür muss zunächst der Distanzschaum des Dicht- und Distanzbandes entfernt werden. Dann verschrauben Sie die Sockelleisten mit der Wand.

Nachdem Sie Ihren Boden nun verlegt haben, können Sie ihn im Durchschnitt zehn bis fünfzehn Jahre lang nutzen, bis Sie darüber nachdenken sollten, ihn durch Abschleifen wieder zu neuem Glanz zu verhelfen. Abhängig davon, wie schonend Sie mit ihrem Boden umgehen, kann sich diese Zeit allerdings auch verringern oder erhöhen. Fertigparkett allerdings, das MDF-Träger und Furnierböden besitzt, sollte nicht geschliffen werden. Massivparkett hingegen kann vier- bis achtmal nachbearbeitet werden.

Für die Bearbeitung eignet sich eine Parkettschleifmaschine mit Abstand am besten. Der Boden könnte zwar auch per Hand geschliffen werden, dies wäre allerdings wesentlich zeit- und kraftaufwendiger – und es wäre schwieriger, den Boden gleichmäßig abzuschleifen. Ein Handschleifgerät eignet sich eher dafür, bestimmte Stellen, die beispielsweise tiefe Kratzer aufweisen, nachzubearbeiten, oder damit in Ecken zu arbeiten, die Sie mit einer Parkettschleifmaschine schlecht erreichen können.

Am wichtigsten bei der Nachbearbeitung ist, dass Sie den Boden gleichmäßig abschleifen und dabei keine Kratzer oder Rillen verursachen. Dafür ist es wichtig, die Schleifmaschine behutsam und gleichmäßig über das Parkett zu führen. Jede Stelle sollte ungefähr gleich lang behandelt werden. Außerdem sollten Sie darauf achten, die Schleifmaschine erst auf dem Parkett abzusetzen, wenn sie ihre volle Drehzahl erreicht hat, da anderenfalls Kratzer im Boden entstehen können.

Für die Vorbereitung zum Abschleifen müssen Sie den Boden zunächst vollständig freiräumen. Objekte, die sich nicht bewegen lassen, sollten abgeklebt werden. Sockelleisten sollten abgenommen werden, ebenso Gardinen oder Vorhänge. Anschließend sollten Sie Ihren Boden auf

Unebenheiten untersuchen und vor allem eventuelle Nägel oder Ähnliches aus dem Boden entfernen. Außerdem sollte der Boden gründlich gereinigt werden.

Denken Sie stets daran, dass der beim Schleifen entstehende Staub leicht entzündlich ist. Es sollte deshalb immer bei offenem Fenster gearbeitet werden. Zusätzlich sollte eine Atemmaske gegen den Feinstaub getragen werden.

Beim ersten Schleifgang verwenden Sie sehr grobes Schleifpapier: 24er bis 36er. Je kleiner die Zahl, desto gröber die Körnung. Achten Sie darauf, den ersten Schliff diagonal zur Holzmaserung durchzuführen. Anschließend wird der Boden mit einem Staubsauger gründlich gesaugt. Der nächste Schliff erfolgt mit 60er-Schleifpapier. Die Schleifrichtung wird dabei von der Art des Parketts bestimmt. Bei Fischgrätenparkett müssen sie diagonal mit der Holzmaserung schleifen. Mosaik- oder Würfelparkett hingegen sollte diagonal zum Faserverlauf geschliffen werden, während man Stabparkett im Winkel von 7 bis 15 Grad schleift. Wie intensiv der Boden mit 60er-Papier geschliffen werden sollte, hängt davon ab, wie stark er abgenutzt worden ist. Für Ränder und Ecken wird außerdem 40er-Papier verwendet. Auch bei diesen Schleifdurchgängen muss der Boden jedes Mal nach einem Durchgang ausgebessert werden. Sollten Risse im Parkett vorkommen, werden diese mit Parkettspachtel ausgebessert, der mit Schleifstaub angerührt wird.

Der letzte Durchgang erledigt den Feinschliff. Dafür wird 100er- bis 120er-Schleifpapier verwendet. Bei diesem Durchgang wird sich nicht an der Maserung orientiert, sondern am Lichteinfall. Entweder führt man ihn quer oder parallel zum Lichteinfall durch. Nachdem der Boden wieder gereinigt wurde, wird er mit Öl, Wachs oder Lack versiegelt und ist nun wieder bereit für die nächsten Jahre oder Jahrzehnte.

Möchten Sie statt Parkett Laminat verlegen, können Sie die exakt gleichen Arbeitsschritte wie beim Verlegen von Parkett anwenden.

Auch bei Korkboden gibt es keine großen Änderungen. Lediglich das Verlegesystem am Ende unterscheidet sich leicht. Dafür fügen Sie zunächst die einzelnen Dielen in eine Reihe zusammen und rasten diese dann längs in der vorherigen Reihe ein.

PVC-Böden hingegen werden anders verlegt, da keine festen Dielen verlegt werden müssen, die man zurechtsägen muss und die in Reihen verlegt werden. Stattdessen verlegt man PVC-Boden sozusagen wie große Matten auf dem Boden.

Dafür müssen Sie zuerst den Boden von altem Bodenbelag befreien. Ein Teppichmesser mit Hakenklinge eignet sich gut, um Reste in Streifen zu schneiden und diese dann abzuziehen. Klebereste werden mit einem Spachtel entfernt und der Boden am Ende gesaugt. Sollten die Klebereste zu hartnäckig für einen Spachtel zu sein, verwenden Sie einen Betonschleifer. Ist der Schleifstaub entfernt, müssen Sie Unebenheiten im Untergrund entfernen. Gehen Sie dabei gründlich vor, da Sie Makel im Untergrund auch durch den Boden hindurch erkennen können. Anschließend grundieren Sie die Fläche. Sollten Sie feststellen, dass der Boden noch nicht glatt oder gerade genug ist, können Sie Fließspachtel verwenden, um dies auszugleichen: Dafür werden an der Wand Randdämmstreifen verlegt, dann wird die vorgemischte Spachtelmasse in eine Ecke gegenüber des Eingangs gekippt und von dort aus mit einer Spachtelkelle verteilt. Ihre Dünnflüssigkeit sorgt dafür, dass der Untergrund am Ende eben ist. Die Fläche muss anschließend durchtrocknen, danach abgestaubt und erneut grundiert werden.

Nun ist der Untergrund für das Verlegen des Bodens vorbereitet. Dieser wird in großen, breiten Bahnen verlegt. Dabei kann es sein, dass die Fläche einer Bahn nicht für den gesamten Raum genügt. In diesem Fall wird es eine Naht zwischen den Bahnen geben. Legen Sie daher zunächst die beiden Bahnen lose im Raum aus, und probieren Sie, wo Sie die Naht am wenigsten stört.

Beim Verlegen müssen Sie darauf achten, den Boden gleichmäßig glatt zu verteilen. Ist eine Wand wirklich gerade, kann der Belag bündig daran verlegt werden. Für Wände, die nicht gerade sind, lassen Sie etwas Überhang stehen, um zum Schluss an der Kante der Wand entlangzuschneiden. Die zweite Bahn wird anschließend wie die erste Bahn verlegt, jedoch auf der anderen Seite der Wand beginnend. Bei Belag mit Dekor muss natürlich darauf geachtet werden, dass das Dekor passend aufliegt.

In kleineren Räumen kann der Belag auch ohne Verkleben verlegt werden – in größeren Räumen kommen Sie allerdings nicht um eine Fixierung herum: Dafür wird der Belag zurückgeklappt und die Fixierung gerührt und aufgetragen. An den Rändern verwenden Sie dafür einen Pinsel, für den Rest der Fläche eine Rolle. Sobald sich die Fläche nicht mehr nass anfühlt, lässt sich der Belag darauf anbringen. Wenn Sie ein Stück Holz mit einem Lappen umwickeln, können Sie beides dazu verwenden, den Belag sauber und gerade auf den Boden anzudrücken. Beginnen Sie dafür von der Mitte ausgehend, und bewegen Sie sich zu den Rändern.

Am geklebten Stück können Sie nun die überstehenden Ränder abschneiden. Sind zwei Bahnen verlegt, können Sie nun den sogenannten Doppelnahtschnitt durchführen. Dafür verwenden Sie ein Teppichmesser mit neuer Klinge, um einen möglichst glatten Schnitt zu erhalten. Als Hilfsmittel können Sie außerdem ein langes Lineal oder eine Tapezierschiene anlegen, damit der Schnitt gerade wird. Danach können Sie die Überstände entfernen und beide Bahnen bündig aneinanderschieben. Nun befestigen Sie die zweite Bahn wie die erste. Damit die Naht versiegelt ist, tragen Sie auf den Rändern der Naht Kaltschweißmittel auf und fügen die Ränder zusammen. Das Schweißmittel verbindet so die Ränder miteinander.

Unter Türen werden nun Übergangsprofile angebracht, die zuvor auf die passende Breite zurechtgeschnitten werden. An die Wände dagegen werden Sockelleisten genagelt. Diese gibt es auch mit Eckteilen, um an Kanten des Raumes entlangzugehen.

Vinylböden verlegt man, indem man die Arbeitsschritte von Parkett- und PVC-Boden kombiniert. Vinylboden muss nämlich wie PVC-Boden geklebt werden, wird aber dennoch in Bahnen wie Parkett verlegt.

Ist der Boden geglättet und mit Tiefengrund grundiert, kann das Vinyl verlegt werden. Dafür muss es sich aber auch erst 24 Stunden im Raumklima akklimatisieren. Anschließend startet man mit dem Verlegen von der Tür aus, da diese die Hauptblickrichtung angibt. Mit einer Schlagschnur kann außerdem im rechten Winkel zur Tür eine Hilfslinie gezogen werden, an der man sich zum Verlegen orientieren kann.

Auf der Rückseite der Diele ist angegeben, in welche Richtung diese verlegt werden muss. Ziehen Sie zunächst ein Stück der Klebefolie an der Unterseite der Diele ab, und kleben Sie das erste Stück der Diele bündig an ihre Hilfslinie. Danach ziehen Sie den Rest der Folie ab und drücken die Diele dabei an. Anschließend machen Sie mit der nächsten Reihe weiter und bringen die nächste Diele um mindestens ein Drittel versetzt an, damit ein Fugenversatz entsteht. Das Reststück einer Dielenreihe verwenden Sie wie beim Parkettverlegen als Anfangsstück der nächsten Reihe. Müssen Sie, beispielsweise an Türrahmen, präzise Schnitte vornehmen, so ritzen Sie den Belag an den Schnittkanten an und knicken sie anschließend ab. Passt das Stück, kann es eingeklebt werden. Die letzte Reihe schneiden Sie bezüglich Länge und Breite passend zurecht und kleben sie dann ein.

Wie Sie Teppichboden fachgerecht verlegen

Teppich ist zwar ein anderer Bodenbelag als PVC-Boden, wird aber quasi genauso verlegt. Sollten Sie einen bestehenden Teppichboden durch neuen ersetzen, müssen Sie den alten Boden zuvor entfernen. Je nachdem wie lang der alte Teppichboden bereits dort benutzt und wie sorgfältig er verklebt wurde, kann dies sehr anstrengend sein. Zunächst werden dafür die Fußleisten entfernt. Dann sollte eine Ecke angehoben werden, um herauszufinden, ob der Teppich vollflächig verklebt oder lediglich mit Klebeband fixiert wurde. Sollte Letzteres der Fall sein, muss der Teppich nur vom Boden abgerissen werden und die Rückstände des Klebebands mit einem scharfen Spachtel entfernt werden. Sollten die Rückstände zu hartnäckig sein, können Sie mit einem Föhn nachhelfen, um den Kleber zu lösen. Danach schneiden Sie ihn in Streifen und rollen diese auf, um den Teppich in einem Müllsack auf dem Wertstoffhof zu entsorgen.

Ist der Teppich vollflächig verklebt, testen Sie zunächst, ob er mit wasserlöslichem Leim verklebt worden ist. Dafür gießen Sie kochendes

Wasser in eine Ecke des Teppichs, warten zwei Stunden und testen anschließend, ob sich der Teppich einfach vom Boden abziehen lässt. In diesem Fall befeuchten Sie nun den gesamten Teppich, warten erneut zwei Stunden und ziehen ihn dann vom Boden ab. Am einfachsten gelingt dies, wenn Sie ihn vorher bereits in Streifen schneiden.

Sollte der Teppich nicht mit wasserlöslichem Leim verklebt worden sein, schneiden Sie ihn zuerst in 30 bis 50 cm breite Streifen. Am besten eignet sich hierfür eine Hakenklinge. In einer Ecke fangen Sie nun an, die Streifen vom Boden abzuziehen. Dabei bleibt meist die untere Schicht des Teppichs am Boden kleben. Um dies zu verhindern, nutzen Sie am besten einen Teppichstripper, der den Teppich mit einer Klinge vom Boden ablöst. Da beim Entfernen des Teppichs unweigerlich Staub aufgewirbelt wird, sollten Sie sämtliche Türen schließen und die Fenster öffnen. Auch eine Staubmaske ist zu empfehlen. Ist der Teppich entfernt, müssen die Kleberückstände am Boden entfernt werden. Dafür wird erneut ein Spachtel genutzt und bei hartnäckigem Kleber ein spezielles Lösungsmittel für Teppiche verwendet.

Nachdem der Boden anschließend gereinigt und Unebenheiten ausgebessert wurden, legen Sie den Teppichboden lose im Raum aus und lassen die Seiten an den Wänden 10 cm überstehen. Um Falten vorzubeugen, lassen Sie den Teppich für mehrere Stunden ausgebreitet im Raum liegen.

Danach drücken Sie den Teppich in die Kante zwischen Wand und Boden und schneiden die Ränder mit 10 cm Verschnitt ab. Anschließend lässt sich der Teppich mit doppelseitigem Klebeband fixieren. In kleineren Räumen reicht es aus, dieses nur entlang der Kanten anzubringen, in größeren Räumen sollte es flächig kreuzweise verteilt werden. Dann drücken Sie den Teppich mit einem breiten, flachen Gegenstand am Boden fest.

Naturfaserauslegeware hingegen muss ganzflächig geklebt werden. Dafür wird der Teppichkleber mit einem Zahnspachtel gleichmäßig auf dem Untergrund verteilt. Es bietet sich an, den Kleber zunächst nur in einer Hälfte des Raums zu verteilen. Dann wird der Teppich auf den Klebstoff gedrückt und mit einer Walze zu den Seiten hin glattgestrichen.

Ist der Teppich verklebt, werden die überstehenden Ränder mit etwas Verschnitt abgeschnitten. An den Innenecken schneiden Sie den Teppich nun diagonal ein, ohne dabei ganz bis zum Boden zu schneiden. Dann kann man die überstehenden Stücke des Teppichs in die Ecke drücken und die überlappenden Enden bündig abschneiden. Bei Türzargen und -schwellen drücken Sie den Teppich in die Kante hinein und schneiden ca. 1 cm über dieser. Der überstehende Teppich kann dann mit einem Messer unter die Türschwelle geschoben werden. Entlang der Wände kann man Sockelleisten aus Holz anbringen, um den Teppich zu verdecken. Übergänge zu Treppen oder einem anderen Raum deckt man mit einer Metallschiene ab, die man in den Boden bohrt – damit fixiert man den Teppich im Boden.

TÜREN

Diese Arten von Türen müssen Sie kennen

Türen gibt es vielen verschiedenen Formen, die wohl wichtigste Unterscheidung besteht allerdings darin, ob es sich um eine Haus- oder eine Zimmertür handelt. Erstere sind meist teurer, da sie sowohl gegen Wind und Wetter als auch gegen Einbrecher schützen müssen. Sie müssen also stabiler sein und dürfen sich nicht aufgrund von Witterung verziehen.

Die am häufigsten auftretenden Formen von Zimmertüren bilden Rahmen- oder Sperrtüren. Rahmentüren haben einen Rahmen aus Holz, in dem eine Füllung aus Holz, Holzwerkstoffen oder Glas verwendet wird. Üblicherweise verwendet man Rahmentüren, wenn man große Glaselemente in der Tür unterbringen möchte. Sie werden entweder aus Massivholz, Echtholz furniert, kunststoffbeschichtet oder lackiert angeboten und wurden vor allem in Altbauten verwendet.

Auch Sperrtüren werden von einem Rahmen umlaufen – dieser kann aber neben Holz auch aus Sperrholz, Kunststoff oder Metall bestehen und wird von Platten verkleidet. Der Hohlraum zwischen Rahmen und Platten wird „Kern“ genannt und kann aus mehr oder weniger massiven Materialien bestehen. Der leichteste Kern besteht aus Presspappe, der massivste aus einer Spanplatte. Diese macht die Tür schwerer und vor allem feuerbeständiger. Sperrtüren werden heutzutage eher verwendet und finden sich daher vor allem in moderneren Häusern.

Eine platzsparende Alternative zu diesen beiden Türarten sind Falt- und Harmonikatüren. Diese schwingen nicht an einem Scharnier in den Raum auf, sondern lassen sich im Türrahmen zusammenschieben.

Ganzglastüren bestehen, wie der Name nahelegt, vollständig aus Glas – in der Regel 8 mm dickem Sicherheitsglas. Dieses ist entweder strukturiert oder mit Motiven versehen.

Weitere Bestandteile von Türen

Haben Sie Ihre Tür ausgewählt, können Sie dazu passende Türgarnituren kaufen. Dabei handelt es sich um Sets aus Türknäufen und Schildern oder Rosetten. Für Bäder beispielsweise sind diese meist auch mit einer passenden Verriegelung erhältlich.

Andere Schlösser, die in Zimmertüren verwendet werden können, sind Einsteckschlösser oder Schließzylinder. Erstere sind die häufigere Wahl, verriegeln die Tür aber meist nicht wirklich sicher. Möchten Sie daher einen Raum besonders schützen, empfiehlt sich der Einbau eines Schließzylinders, der auch in Haustüren verwendet werden. Mehr zu diesem Thema finden Sie in einem der letzten Kapitel dieses Buches zum Thema *Sicherheit*.

Der letzte relevante Bestandteil einer Tür ist die Verbindung zwischen Türrahmen und Tür: die sogenannten Bänder und Scharniere. Diese werden meist in Tür und Rahmen eingeschraubt und dann mittels eines Stifts miteinander verbunden. Dieser gewährleistet der Tür ihre Aufhängung, gibt ihr aber auch den Freiraum zum Schwingen.

Wie Sie Probleme mit Türen beheben

Nachdem nun eine Einführung in verschiedene Türarten sowie deren Komponenten erfolgt ist, werden im Folgenden der Reihe nach verschiedene Probleme im Zusammenhang mit Türen aufgezählt sowie deren Lösung beschrieben.

Das mitunter häufigste Problem betrifft quietschende Türen. Dies lässt sich sehr einfach lösen, indem Sie ein wenig Öl auf die Bänder auftragen. Dafür heben Sie die Tür aus den Angeln und tragen dann Öl auf die Türbänder auf.

Ein weiteres Problem besteht darin, dass durch die Lücken zwischen Tür und Türrahmen Zugluft entstehen kann, was zu unnötigen Wärmeverlusten führt. Um eine Tür umlaufend abzudichten, eignen sich selbstklebende Dichtstreifen am besten. Sie werden in die sogenannte Zargenfalz eingeklebt – die Kante im Rahmen, an der die Tür, wenn sie geschlossen ist, aufliegt. Wichtig dabei ist, die Kantenlänge genau abzumessen und vor dem Einkleben Verschmutzungen zu entfernen.

Für den Türspalt können Sie entweder eine Bodendichtung anbringen oder eine Bürstendichtung. Bei Ersterer ist es wichtig, die genauen Abstände einzuhalten. Bei Bodendichtungen gibt es eine magnetische Variante, bei der an der Türunterseite ein Magnetstreifen angebracht wird, der die Dichtung bei geschlossener Tür nach oben zieht. Alternativ gibt es auch Bodendichtungen mit Druckfedern. Bei ihnen wird die Dichtung durch die einfallende Tür so weit nach unten gedrückt, dass sie keinen Luftzug mehr durchlässt. Eine einfachere Variante stellen Bürstendichtungen dar. Dabei handelt es sich um Leisten in der Breite Ihrer Tür mit einer selbstklebenden Rückseite, die Sie bei der Montage gegen die Tür drücken. Eine Bürste deckt nun den Türspalt ab und verhindert Luftzüge.

Ein Problem, das ebenfalls häufig auftritt, sind klemmende Türen. Um dieses Problem zu lösen, müssen Sie zunächst die Ursache ermitteln. Ist der Türrahmen oder die Tür zu dick lackiert, kann es dadurch in der Falz zu Problemen kommen. Dann müssen Sie den Lack an den betroffenen Stellen abschleifen und anschließend mit einer dünnen Schicht Farbe erneut streichen. Dies sollte unverzüglich geschehen, damit das Holz dort nicht aufquillt. Sollte das Problem an den Bändern der Tür seinen Ursprung finden, können Sie diese entweder mit einem Inbus direkt an der Tür justieren, oder Sie müssen die Tür dafür herausheben. Dies machen Sie am besten zu zweit. Anschließend stecken Sie einen Schraubendreher in das Türband und drehen dieses wieder in die Tür hinein, bis Sie den richtigen Abstand erreicht haben. Verwenden Sie keine Zange zum Drehen, da dies Kratzer verursachen könnte.

Dies ist auch die beste Methode, um schief sitzende Türen zu justieren. Dafür müssen Sie, wenn Sie die Tür herausgehoben haben, entweder das Band der Tür oder das Rahmenteil weiter hineindrehen, bis die Tür wieder gerade hängt. Sollte die Tür immer noch nicht gerade sein, müssen Sie entweder noch einmal nachjustieren, oder Ihre Tür hat sich verzogen. In diesem Fall überprüfen Sie, ob Falle und Riegel noch auf der richtigen Höhe sind. Ist dem nicht so, müssen Sie versuchen, das Schließblech aufzupfeilen, damit alles wieder problemlos ineinandergreift.

Sollte Ihre Tür mit der Zeit über den Boden schleifen, hängt sie zu tief. Die einfachste Lösung umfasst das Einlegen von Scheiben auf die Türbänder. Dies müssen Sie bei beiden Bändern tun, damit das Gewicht der Tür nicht nur an einem Band hängt. Eine andere Möglichkeit bildet das Einlegen von Hebebändern. Beachten Sie beim Kauf unbedingt, ob Ihre Tür links oder rechts angeschlagen ist. Heben Sie die Tür dann wieder aus den Angeln, und wechseln Sie das vorherige Türband mit dem neuen Hebeband aus, indem Sie das alte heraus- und das neue hineindrehen.

Sollten Sie allerdings neuen Boden verlegen und die Tür deswegen zu lang sein, hilft meist nur, sie zu kürzen: Legen Sie dafür erst ein Stück des Bodens, den Sie verlegen, neben die Tür und anschließend noch ein Stück Holz mit ca. 5 mm Dicke obendrauf. Nun markieren Sie mit dieser Hilfe die Höhe, auf welche die Tür gekürzt werden soll. Anschließend nehmen Sie sie wieder aus dem Rahmen heraus. Fixieren Sie die Tür nun auf einer passenden Unterlage. Befestigen Sie eine Führungsschiene am gezeichneten Strich entlang, die Ihnen einen geraden Schnitt ermöglicht, und verwenden Sie eine Handkreissäge, um den Schnitt durchzuführen. Danach schleifen Sie die Tür unten an, damit die untere Kante wieder glatt ist.

Sollte es zu Kratzern in der Tür kommen, müssen Sie nicht sofort die gesamte Tür abschleifen und neu lackieren. Meist genügt ein Retuschierstift in der Farbe des Türholzes, mit dem Sie den Kratzer übermalen und anschließend mit etwas farblosem Lack schützen. Sollten die Schäden großflächiger sein, gehen Sie am besten zunächst mit der sanftesten Methode vor: nämlich Einreiben mit Wachspolitur oder Terpentin. Sollte dies nicht helfen, tauchen Sie feine Stahlwolle in Petroleum oder Leinöl, und reiben Sie damit in Faserrichtung über die beschädigte Fläche. Danach wischen Sie das überschüssige Öl mit einem Tuch weg und reiben trocken nach. Sollte auch diese Methode Ihr Problem nicht lösen, können Sie es mit Reparaturwachs im hellsten Holzton der Tür versuchen. Dieses wird erhitzt und dann auf die beschädigte, vorher gereinigte Stelle getröpfelt. Nachdem es ausgehärtet ist, schaben Sie alles Überstehende mit einer Rasierklinge ab und streichen die Stelle mit dem Finger glatt. Anschließend müssen Sie versuchen, die Holzmaserung zu imitieren. Dazu benötigen Sie eine Tube Künstlerfarbe des dunkelsten Holztons der Tür. Sie tauchen den Pinsel in die Farbe und streifen ihn auf Papier ab, bis die Borsten beinahe wieder trocken sind. Danach pinseln Sie leichte Striche, die die Maserung darstellen sollen. Am Ende wird wieder etwas farbloser Lack auf die Stelle aufgetragen.

Sollten Sie einmal Ihre Türklinke (eigentlich Türdrücker) auswechseln wollen, müssen Sie zunächst den Haltestift der Klinke entfernen, der sich am Anfang des Klinkenschafts, eng am Türschild dran, befindet. Dafür drücken Sie diesen von unten mit einem dünnen Schraubendreher heraus. Danach können Sie die Klinke einfach abziehen – genauso wie die Klinke auf der anderen Seite. Danach können Sie das Türschild abnehmen, indem Sie dessen Halteschrauben entfernen. Wollen Sie ihre Drückergarnitur austauschen, müssen Sie darauf achten, die neue Garnitur in den richtigen Maßen zu kaufen. Dafür empfiehlt es sich, die alte Garnitur mit in den Baumarkt zu nehmen, um vor Ort vergleichen zu können. Außerdem ist es von der Drückergarnitur abhängig, welches

Einsteckschloss verwendet werden kann. Daher empfiehlt es sich, dieses ebenfalls zum Neukauf mitzunehmen.

Sollte Ihr Schloss mit der Zeit schwergängig werden, können Sie zum Schmieren feines Schmieröl verwenden. Für Falle und Riegel des Einsteckschlosses hingegen bieten sich Gleitstoffe in Sprayform am besten an. (Als „Falle“ bezeichnet man jenen Riegel, der von der Türklinke betätigt wird, nicht den Schlossriegel, der vom Schlüssel bewegt wird.)

Haben Sie Ihre Drückergarnitur entfernt, können Sie das Einsteckschloss ausbauen, indem Sie die Schrauben oben und unten am Langblech entfernen. Das Langblech ist das Blech, durch das Falle und Riegel hindurchgehen. Nach dem Lösen beider Schrauben können Sie das Schloss einfach herausziehen. Wollen Sie die Drückergarnitur und das Einsteckschloss wieder einbauen, befestigen Sie zunächst die Garnitur, indem Sie die Halteschrauben wieder anbringen. Dann führen Sie den Türgriff ein, wobei dieser durch das neue Einsteckschloss geführt werden muss, und fixieren diesen mit dem Haltestift. Zuletzt fixieren Sie das Einsteckschloss mit dessen Schrauben im Langblech.

Wollen Sie Ihre Tür streichen, dann müssen Sie die Türgarnitur und das Einsteckschloss ebenfalls entfernen, um beides nicht mit Farbe anzumalen oder sogar zu beschädigen. Gibt es Glaselemente oder Ähnliches, das ebenfalls frei von Farbe bleiben sollte, sollten Sie diese abkleben. Ist die Tür frei von allem, was nicht gestrichen werden sollte, können Sie sie aus den Angeln heben und am besten auf zwei vorbereiteten Böcken ablegen. Es empfiehlt sich außerdem, unter der Tür etwas auszulegen, das eventuell heruntertropfende Farbe auffangen kann.

Als Nächstes reinigen Sie die Tür gründlich, damit sich kein Fett mehr am Untergrund befindet. Sollte der alte Lack noch in gutem Zustand sein, müssen Sie ihn lediglich anschleifen. Am besten eignet sich dafür 180er bis 220er-Schleifpapier. Blättert der alte Lack bereits ab, muss er komplett entfernt werden. Dafür greifen Sie am besten zu einem Exzenterschleifer und fangen mit gröberem Schleifpapier, 80er bis 120er, an. Am Ende führen Sie dann noch einen Feinschliff mit 180er bis 220er durch.

Danach entfernen Sie mit einem feuchten Tuch gründlich den Staub auf der Tür. Mit einer Holzgrundierung bereiten Sie die Tür für den eigentlichen Lack vor. Für die Türkanten verwenden Sie am besten einen Pinsel, für die großflächigen Bereiche der Tür eine Farbrolle. Beachten Sie dabei, gleichmäßig zu arbeiten, und tragen Sie nicht zu viel Lack auf. Eine zu dicke Lackschicht wirkt optisch nämlich schnell unprofessionell. Je nach Art der Grundierung müssen Sie einen oder zwei Anstriche als Vorbereitung durchführen. Zwischen den Anstrichen sollten Sie die Grundierung leicht anschleifen und anschließend wieder sorgfältig entstauben. Nun ist die Tür bereit für den ersten Anstrich in der Farbe Ihrer Wahl. Klarer Holzlack ist natürlich genauso eine Option. Bedenken Sie bei allen Anstrichen, dass Sie die Tür erst umdrehen, wenn der Lack vollständig getrocknet ist. Sind Sie fertig, bauen Sie sämtliche Beschläge wieder an und hängen die Tür wieder ein.

FENSTER

Was Sie bei der Fensterauswahl beachten müssen

Fenster spielen nicht nur in Bezug auf das Aussehen ihres Hauses eine Rolle, sondern natürlich auch für Sie, um nach draußen zu sehen oder Ihre Räume mit Licht zu fluten. Doch auch für die Wärmeisolierung sind sie wichtig. Da Sie mit gut verglasten Fenstern außerdem Heizkosten sparen können, lohnt es sich oftmals, nicht auf die günstigste Lösung zu setzen und sich im Idealfall umfangreich von einem Fachmann beraten zu lassen.

Besondere Beachtung sollten Sie dabei dem U-Wert (Wärmedurchgangskoeffizient oder „Unit of heat transfer") sowie dem g-Wert (Energiedurchlassungsgrad) schenken: Der U-Wert beschreibt den vom Fenster verursachten Wärmeverlust, während der g-Wert den Wärmegewinn durch einfallendes Sonnenlicht beschreibt. Ein für eine Zwei-Scheiben-Isolierverglasung typischer g-Wert von 0,6 gibt an, dass 60 Prozent des eingestrahlten Sonnenlichts in den Raum eindringen. Je kleiner also der U-Wert und je größer der g-Wert eines Fensters sind, desto höher ist der Wärmegewinn. Schlussendlich ist aber der U-Wert des gesamten Fensters von größter Relevanz, also jener der Isolierung von Fenster und Rahmen zusammen.

Wie Sie alte Fensterdichtungen erneuern

Um die Wirksamkeit der Wärmedämmung Ihrer Fenster nicht negativ zu beeinflussen, sollten die Fensterdichtungen stets instand sein. Ansonsten verursachen die Fenster erheblichen Wärmeverlust.

Um die Dichtungsstreifen Ihrer Fenster zu erneuern, ziehen Sie zunächst die alten ab und reinigen die Fläche, auf der sie geklebt haben, gründlich. Dann drücken Sie den neuen Dichtungsstreifen in die Fensterfalz und ziehen das Schutzpapier auf der Rückseite nach und nach ab. Achten Sie dabei auf der Scharnierseite darauf, dass der Streifen beim Schließen des Fensters gequetscht wird, anstatt verschoben. Wichtig ist außerdem, dass die Streifen lückenlos angebracht werden, damit sie sich nicht wieder lösen. Um Ihre Fensterdichtungen langlebiger zu machen, sollten Sie diese beim Reinigen der Fenster ebenfalls berücksichtigen. Sie mit Grafit einzureiben, macht Sie außerdem geschmeidiger und somit langlebiger. Sollten Risse zwischen Fensterwerk und Mauerrahmen entstehen, müssen Sie diese mit dauerelastischer Fugendichtmasse schließen.

Wie Sie optische Makel ausbessern

Damit Ihre Fenster optisch schön aussehen, sollten Sie auftretende Makel ausbessern. Wie bei Türen ist es hier sinnvoll, zunächst zu versuchen, eine komplette Neulackierung des Rahmens zu vermeiden, um sich unnötige Arbeit zu sparen. Auch die Vorgehensweise ist ähnlich: Kleinere Beschädigungen schleifen Sie leicht ein und lackieren diese dann über. Dabei muss der Farbton natürlich genau passen. Tiefere Kratzer hingegen schleifen Sie gröber an und füllen diese mit Lackspachtel auf. Ist dieser gehärtet, müssen Sie mindestens noch einmal Holzlack auftragen. Sollten Sie nicht vermeiden können, den Holzrahmen vollständig neu zu lackieren, müssen Sie zuerst den vorherigen Anstrich entfernen: entweder durch Abbeizen, also das Auftragen von Abbeizmitteln, die Lacke lösen, oder durch Abschleifen. Weitere Farbreste lassen sich mit einem Dreieck- oder Kombischaber entfernen. Danach sind die Arbeitsschritte die gleichen wie bei einem neuen Türanstrich: Sie kleben sämtliche Flächen ab, die nicht angestrichen werden sollen, grundieren den Rahmen entweder ein- oder zweimal, führen Zwischenschliffe durch und dann einen oder mehrere Endanstriche.

Möchten Sie nicht nur kleinere Schäden ausbessern, sondern einen kompletten Rahmen restaurieren, ist die Vorgehensweise ähnlich: Zunächst sollten Sie überprüfen, ob Nässe zwischen Rahmen und Verglasung eindringen kann. In diesem Fall sollten als Erstes alte Dichtungsreste entfernt und nach Beendigung der Holzarbeiten erneuert werden. Für die Ausbesserung wetterbedingter Risse entfernen Sie zuerst Farbreste und Schmutz. Dann erweitern Sie die Risse vorsichtig und füllen diese mit Holzkitt auf Kunststoffbasis oder Ähnlichem auf. Ist dieser ausgetrocknet, schleifen Sie ihn bündig ab und grundieren die Fläche. Müssen Sie sehr große oder tiefe Risse ausbessern, tragen Sie das Füllmaterial in mehreren Schichten auf. Dabei ist zu beachten, dass jede Schicht durchgetrocknet sein muss, bis die nächste aufgetragen wird.

Möchten Sie die Farbe ihres Fensterrahmens lediglich auffrischen, anstatt sie von Grund auf zu erneuern, müssen Sie Ihren Rahmen nur leicht anschleifen und dann zwei Anstriche mit Alkyd- oder Acrylharzfensterlack durchführen. Auch zwischen diesen Anstrichen müssen Sie Zwischenschliffe durchführen, und auch hier sollten Sie natürlich vorher sämtliche Flächen, die keine Farbe abbekommen sollen, abkleben. Warten Sie zum Abziehen der Klebestreifen nicht, bis die Farbe gänzlich getrocknet ist, da die Streifen anderenfalls zu fest am Fenster haften und einreißen können. Ziehen Sie sie stattdessen ab, wenn die Farbe nur angetrocknet ist.

Auch Fensterrahmen aus Kunststoff können neu gestrichen werden, wenn die Reinigung nicht mehr genügt. Reinigen Sie die Rahmen dafür gründlich, schleifen Sie sie mit feinem (180er bis 240er) Schleifpapier ab, und führen Sie dann wieder drei Streichdurchgänge durch: einen zum Grundieren, einen Zwischen- und einen Schlussanstrich. Verwenden Sie dabei für die Grundierung einen Kunststoffprimer, den Sie nach dem Aushärten mit 240er-Schleifpapier anschleifen. Den Zwischen- und Endanstrich nehmen Sie anschließend mit Buntlack oder weißem Lack vor. Auch hier müssen Sie nach dem Zwischenanstrich erneut anschleifen.

So installieren Sie Fliegengitter, Vorhänge, Jalousien und Rollläden

Möchten Sie im Sommer Ihre Fenster öffnen, ohne dass Insekten hereinfliegen? Dann kommen Sie um die Installation von Fliegengittern nicht herum. Am besten eignen sich dafür Stücke aus Tüllgewebe, die mittels Klettband am Rahmen des Fensters angebracht werden. Dafür reinigen Sie den Rahmen gründlich, kleben das Klettband an den Außenrahmen, schneiden das Gewebe passend auf Länge und Breite der Klettstreifen und drücken es anschließend gegen das Klett. Zum Reinigen können Sie das Gewebe wieder abnehmen und bei 30°C waschen. Für Balkontüren gibt es unterschiedliche Lösungen – beispielsweise Mückennetze mit einem senkrechten Schnitt, der von Magnetstreifen an beiden Kanten zusammengehalten wird und sich öffnet, wenn Sie hindurchtreten. In der Regel werden diese Systeme ebenfalls mit selbstklebenden Klebestreifen am Außenrahmen befestigt.

Möchten Sie sich vor Blicken von außen schützen, Sonnenlicht abschirmen oder einfach schöne Vorhänge, Gardinen oder Jalousien vor dem Fenster haben, müssen Sie diese natürlich installieren. Wie Sie dies tun müssen, hängt vom Aufhängungstyp ab. Heute werden überwiegend Vorhangstangen und Seilzüge verwendet, deren Aufhängung im Folgenden erklärt wird.

Ob Sie Vorhangstangen aus Acryl, Aluminium, Holz oder Messing verwenden, spielt für die Aufhängung keine Rolle, sondern ist lediglich abhängig von Ihrer persönlichen Präferenz. Diese entscheidet ebenfalls über Farbe sowie Aussehen der Wandhalterungen und Kopfteile.

Ebenfalls häufig verwendet werden Seilzüge. Entweder wird bei diesen ein Drahtseil mit Seilkausche zwischen zwei Schraubhaken oder mit zwei an der Wand angebrachten Trägervorrichtungen gespannt.

Um eine Vorhangstange anzubringen, müssen Sie zunächst entscheiden, wie hoch über dem Fenster diese angebracht werden soll. Dies hängt zum einen von der Deckenhöhe und der Länge der Vorhänge ab und zum anderen von Ihrem persönlichen Geschmack. Haben Sie sich für eine Höhe entschieden, markieren Sie diese und messen die Entfernung zum Boden, um auf der anderen Seite eine Markierung auf selber Höhe vorzunehmen. Die Abstände zum Fenster sollten ebenfalls beachtet werden, damit sie auf beiden Seiten gleich sind. Wie die Wandhalterung genau an die Wand geschraubt wird, ist unterschiedlich, sollte aber selbsterklärend sein. Zum Anschrauben bohren Sie ein Loch in der richtigen Größe für den Dübel, den sie verwenden möchten, und suchen eine passende Schraube. Oftmals werden diese aber auch mitgeliefert. Haben Sie die Wandhalterungen befestigt, führen Sie die Vorhangschiene durch beide Halterungen und legen am besten als Erstes eine Wasserwaage auf, um zu überprüfen, ob Sie sie gerade angebracht haben. Haben Sie gerade Hilfe zur Verfügung, können Sie die Wandhalterungen auch von zwei Personen an die markierte Stelle halten lassen und den Wasserwaagentest vor der Wandanbringung durchführen.

Beim Einschieben der Vorhangstange fädeln Sie den Vorhang auf und schrauben am Ende die Kopfteile auf die Stange auf, damit die Vorhangstange nicht aus den Wandhalterungen rutschen kann.

Um ein Seilspannsystem zu installieren, müssen Sie die gleiche Vorarbeit leisten wie bei der Aufhängung von Gardinenstangen. Abhängig davon, welches System Sie verwenden, müssen Sie entweder zwei Schraubhaken mit jeweils einem Dübel in die Wand schrauben oder wie bei der Gardinenstange zwei Träger anschrauben. Anschließend müssen Sie das Drahtseil einfädeln, den Vorhang aufziehen und das Drahtseil auf Spannung bringen.

Möchten Sie statt Vorhängen oder Gardinen Jalousien, Rollos oder Rollläden aufhängen, müssen Sie andere Punkte beachten: Jalousien sind, wenn sie innen montiert werden, ein Objekt zur Raumgestaltung. Werden sie außen montiert, können Sie wie Rollläden den Wärmeeinfall von Sonnenlicht stark reduzieren, wenn man sie schließt. Rollläden können außerdem den Einbruchschutz stark erhöhen, vor allem Aluminium- oder Stahlrollläden.

Möchten Sie Jalousien in Innenräumen montieren, können Sie dies entweder an der Mauer, am Fenstersturz oder am Fensterflügel, also dem beweglichen Teil des Fensters, machen. Dafür schrauben Sie die erste Halterung mit Dübel und Schraube in die Wand und ermitteln anschließend mit einer Wasserwaage die waagrechte Position, um zu wissen, wo Sie die zweite Halterung montieren müssen. Am Fenstersturz allein sollten Sie sich nicht ausrichten, da dieser mitunter nicht waagerecht ist. Auf Holzfenster können Sie die Jalousie auch direkt verschrauben – ohne Dübel. Dies bietet außerdem den Vorteil, dass Sie das Fenster auch mit geschlossener Jalousie öffnen können. Wollen Sie Jalousien an Aluminium- oder Kunststofffenstern befestigen, gibt es dafür spezielle Klemmträger. Sprechen Sie in Mietwohnungen eventuelle Bohrungen in den Fensterrahmen auf jeden Fall mit dem Vermieter ab, um bei Ihrem Auszug nicht das Risiko einzugehen, Schadensersatz zahlen zu müssen.

Möchten Sie Rollos aufhängen, unterscheidet sich der Vorgang wenig von der Jalousienmontage. Sie lassen sich ebenfalls an der Decke, dem Fensterflügel oder an der Wand anbringen. Montieren Sie zuerst die Träger, hängen Sie anschließend das Rollo ein, ziehen Sie es zur Hälfte herunter, und rollen Sie es danach wieder auf.

KÜCHE UND BAD

Während das Wohnzimmer wahrscheinlich jener Raum ist, in dem Sie sich am liebsten aufhalten, sind Küche und Bad unumstritten am wichtigsten in Ihrem Haus oder Ihrer Wohnung. Dieses Kapitel dreht sich daher um alle möglicherweise anfallenden Reparaturen, die Sie hier selbst durchführen können – damit Sie im Ernstfall nur so kurz wie möglich ohne eventuell wichtige Grundfunktionen auskommen müssen.

Was Sie gegen verstopfte Abflüsse tun können

Das wohl am häufigsten auftretende und am leichtesten zu lösende Problem ist ein verstopfter Abfluss. Um diesen kümmern Sie sich in ihrem Bad genau so, wie Sie es in Ihrer Küche tun. Sollte das Wasser in einem der beiden Räume nicht mehr abfließen, liegt dies meist daran, dass sich Fett oder Seifenablagerungen zusammen mit Haaren im Siphon zu einer Verstopfung zusammenfügen. Die einfachste Lösung für dieses Problem bietet der Abflussreiniger: Flasche aufdrehen, empfohlene Menge in den Abfluss kippen, warten, bei Bedarf wiederholen. Abflussreiniger weisen allerdings aufgrund aggressiver Chemikalien eine hohe Umweltbelastung auf und tragen zur Chemiebelastung des Abwassers bei. Außerdem können Sie bei Kunststoffrohren aufgrund großer Hitze zu Verformungen führen. Verwenden Sie diese daher nur, wenn sich die Verstopfungen als sehr hartnäckig erweisen und Sie sich dazu gezwungen fühlen.

Statt der chemischen Variante können Sie zunächst auf Hausmittel zurückgreifen. Dafür schütten Sie drei Esslöffel Natron oder Backpulver in den Abfluss und gießen langsam eine halbe Tasse Essig dazu. Wenn das Gemisch anfängt, zu sprudeln, legen Sie einen nassen Lappen auf den Abfluss. Warten Sie fünf Minuten, und kippen Sie dann heißes Wasser in den Abfluss. Sollte dies nicht ausgereicht haben, können Sie den Vorgang ein- oder zweimal wiederholen. Ist der Abfluss dann immer noch verstopft, müssen Sie zu anderen Mitteln greifen.

Als Erstes bietet sich nun die Saugglocke, besser bekannt als Pümpel, an. Entfernen Sie zunächst den Exzenterstopfen, also den Stöpsel, der bei Verschluss das Abfließen von Wasser aus dem Waschbecken verhindert. Nun füllen Sie das Waschbecken auf, bis sich der obere Rand der Saugglocke unter Wasser befindet. Anderenfalls kann sich kein Unterdruck entwickeln. Außerdem müssen Sie die Überlaufabdeckung – in der Regel ein kleines Loch im Waschbecken unter dem Wasserhahn – mit einem feuchten Lappen abdecken.

Führen Sie nun stoßweise Auf- und Abbewegungen mit der Saugglocke durch, bis Sie das Gefühl haben, dass sich etwas im Abfluss bewegt. Auch hier kann heißes Wasser zur Unterstützung in den Abfluss gekippt werden. Ist der Abfluss immer noch oder noch teilweise verstopft, wiederholen Sie den Vorgang.

Sollten beide Methoden bislang keinen Erfolg gebracht haben, sollten Sie den Siphon abschrauben und per Hand reinigen. Da dies eine unangenehme Angelegenheit werden kann, empfiehlt es sich,

Putzhandschuhe zu tragen und ein Fenster gegen den Geruch zu öffnen. Außerdem sollten Sie einen Eimer unter den Siphon stellen, in den das im Rohr stehende Wasser ablaufen kann.

Heute werden Röhrensiphons am häufigsten verwendet. Diese sind durch ihre U-förmige Form unter dem Waschbecken zu erkennen. Um einen solchen Siphon zu öffnen, müssen Sie mit einer Wasserpumpenzange zwei Verschraubungen lösen. Sollte Ihre Zange keinen Schutz gegen Verkratzen der Chromoberfläche aufweisen, sollten Sie einen Lappen um die Auflageflächen wickeln, um Beschädigungen durch das Schrauben zu vermeiden. Haben Sie den Siphon gelöst, können Sie ihn mit einem biegsamen Flaschenreiniger, einem stabilen Draht oder ähnlichen Mitteln reinigen.

Sollten Sie beim Reinigen feststellen, dass der Siphon frei ist, liegt die Verstopfung im Abflussrohr. Glücklicherweise müssen Sie dieses zur Reinigung nicht aus der Wand reißen, sondern können stattdessen eine Reinigungsspirale verwenden. Dabei schieben Sie die Spirale in das Rohr hinein, während ein Helfer den Endgriff im Uhrzeigersinn dreht. Merken Sie, dass sich die Verstopfung löst, spülen Sie mit einem Wasserschlauch nach. Anschließend bauen Sie alles wieder zusammen und testen, ob das Wasser nun vernünftig abläuft.

Um zukünftigen Verstopfungen vorzubeugen, können Sie ihren Abfluss einmal im Jahr präventiv reinigen. Da dieser Rat allerdings ein Vorsatz ist, den wohl nur die wenigsten umsetzen, gibt es weitere Alternativen zur Prävention. Versehen Sie ihre Abflüsse beispielsweise mit einem Haarsieb. Diese sind leicht zu reinigen und da Haare die häufigste Verstopfungsursache darstellen, sind sie sehr effektiv. Außerdem können Sie Ihre Waschbecken alle paar Wochen mit kochendem Wasser spülen, um Verstopfungen vorzubeugen. Neben Haaren bilden Seifenreste, aber auch Fette und Essensreste eine häufige Verstopfungsursache, entsorgen Sie diese also lieber im Biomüll.

Wie Sie verstopfte Wasserhähne befreien

Neben dem Abfluss kann auch der Wasserhahn verstopfen. Dies wird meist durch einen verkalkten Luftsprudler (Perlator genannt) verursacht. Dabei handelt es sich um ein kleines Sieb, durch das das Wasser zuletzt durchfließt, bevor es im Waschbecken landet. Mit einer Zange können Sie es abschrauben (umwickeln Sie diese wieder mit einem Lappen, um Kratzern vorzubeugen) und anschließend reinigen. Dafür nehmen Sie zuerst eine alte Zahnbürste und reinigen grobe Verschmutzungen.

Danach legen Sie das Sieb in eine Essiglösung, die zu drei Vierteln aus warmem Wasser und zu einem Viertel aus konzentrierter Essigessenz besteht, und lassen es darin einwirken – wie lange, das hängt vom Grad der Verschmutzung ab. Alternativ lassen sich auch Zitronensaftkonzentrat oder Schnellentkalker verwenden. Sollte ihr Brausekopf verkalkt sein, können Sie diesen auf die gleiche Weise reinigen. In diesem Fall muss das Behältnis nur groß genug sein, damit der Brausekopf darin vollständig überspült ist. Den Brausekopf können Sie abnehmen, indem Sie mit einer Zange eine Verschraubung unten am Griff lösen.

Was gegen verkalkte Armaturen hilft

Sind Ihre Armaturen von Kalk befallen, hilft eine Mischung aus einem Drittel Zitronensaft und zwei Dritteln Wasser. Diese geben Sie auf einen weichen Schwamm und schrubben den Kalk damit weg. Hartnäckige Stellen können Sie zudem mit einer Zahnbürste bearbeiten. Lassen Sie das Mittel zehn Minuten einwirken und spülen Sie es danach mit Wasser ab.

So dichten Sie undichte Wasserhähne ab

Sollte ihr Wasserhahn lecken, müssen Sie die Dichtungen austauschen. Meist tritt die undichte Stelle an den Ventilen der Griffkappen des Wasserhahns auf, also an den Drehreglern. Die Gummidichtung, die sogenannte Hahnscheibe, muss dann ausgetauscht werden. Als Erstes muss dafür wieder die Wasserzufuhr über die Ventile zugedreht werden. Anschließend lösen Sie den Griff, indem Sie die Feststellschraube in dessen Mitte lösen. Oftmals müssen Sie dafür zunächst einen Sichtschutz abnehmen, um an die Schraube zu gelangen. Danach können Sie das Oberteil des Ventils mit einem 19er-Maulschlüssel abdrehen. Am unteren Ende des Ventils finden Sie nun die Dichtung. Zuvor müssen Sie allerdings noch eine Hutmutter lösen, um an sie heranzukommen. Da sowohl der Drehgriff als auch das Ventil von innen verkalkt sein können, ist es sinnvoll, beides vom Kalk zu lösen, bevor Sie die neue Dichtung einsetzen und alles in umgekehrter Reihenfolge wieder zusammenbauen.

Der Wasserhahn in Ihrer Küche weist zudem die Möglichkeit auf, ihn zu schwenken. Wenn diese Schwenkarmatur unten Kalkflecke zeigt, sollten Sie die O-Ringe des Gelenks auswechseln. Lösen Sie dafür die Überwurfmutter am Schaft des Hahns, um den Schwenkarm (den Schaft vom Wasserhahn) herauszuziehen sowie beide Dichtungen auszutauschen. Die Ventile müssen Sie in diesem Fall nicht schließen, da der Wasserhahn ja nicht aufgedreht ist.

Besitzen Sie in Ihrem Bad einen sogenannten Einhebelmischer (anstelle zweier Drehknäufe am Hahn), dann können dessen Keramikscheiben mit der Zeit verschleißen und der Wasserhahn beginnt, zu tropfen. Um diese zu tauschen, müssen Sie zunächst meist eine Sicherungskappe direkt unter dem Griff lösen, um an die Sicherungsschraube heranzukommen. Ist diese ebenfalls gelöst, können Sie den Hebel abziehen, und die Kartusche liegt frei. Haben Sie die Halteschrauben der Kartusche auch gelöst, können Sie sie nach oben herausziehen. Lösen Sie auch hier die Verkalkungen der Kartusche in einem Essigbad, spülen Sie sie anschließend mit Wasser wieder aus, und bauen Sie sie in umgekehrter Reihenfolge wieder ein. Sollte der Wasserhahn immer noch tropfen, müssen Sie die Kartusche austauschen.

So tauschen Sie Ihren Wasserhahn aus

Möchten Sie Ihren Wasserhahn austauschen, weil er nicht mehr reparabel ist oder Ihnen schlichtweg nicht mehr gefällt? Auch das ist relativ einfach möglich. Küchen- und Badwasserhähne ähneln sich dabei stark. Als Erstes müssen Sie verhindern, dass Sie Ihre Küche oder Ihr Bad bei der Demontage fluten. Dafür schrauben Sie beide Ventile unter dem Waschbecken oder der Spüle zu. Diese finden Sie am einfachsten, wenn Sie den Wasserleitungen unter dem Wasserhahn folgen. Als Nächstes lösen Sie die Hebevorrichtung für den Exzenterverschluss (Waschbeckenstöpsel). Sind Sie sich unsicher, worum es sich dabei handelt, öffnen und schließen Sie den Stöpsel über die Vorrichtung am Waschbecken und schauen Sie unter dem Waschbecken, welche Teile sich bewegen. Die Vorrichtung lösen Sie durch Öffnen einer Feststellschraube. Danach folgen die Anschlussrohre, deren Überwurfmuttern an den Ventilen gelöst werden. Küchenwasserhähne sind in der Regel nur von unten mit einer Feststellmutter gesichert, die sich problemlos mit einer Wasserpumpenzange lösen lässt. Wasserhähne im Bad dagegen lassen sich nur schwer von unten erreichen und lösen. Ein sogenannter Standhahn-Mutternschlüssel kann dabei helfen. Eine weitere Möglichkeit besteht darin, das gesamte Waschbecken abzunehmen, da Sie auf diese Weise auch den neuen Wasserhahn einfacher wieder einbauen können. Dafür müssen Sie die waschbeckennähere Verschraubung des Siphons lösen und anschließend die beiden Muttern, die das Waschbecken an der Wand halten, abschrauben. Eine zweite Person, die hilft, empfiehlt sich aufgrund der Unhandlichkeit des Waschbeckens. Zuletzt müssen Sie dafür sorgen, dass die meist gebogenen Anschlussrohre des Wasserhahns gerade genug sind, um sich durch das Loch, in das der Wasserhahn eingesetzt ist, hindurchziehen zu lassen. Dafür biegen Sie sie einfach per Hand gerade.

Der Einbau des neuen Hahns erfolgt in umgekehrter Reihenfolge. Erst bringen Sie ihn am Waschbecken an. Haben Sie Ihr Waschbecken dafür von der Wand abgenommen, hängen Sie dieses anschließend wieder an die Wand. Danach schließen Sie die Anschlussrohre an die Ventile an. Sollten die Rohre zu lang sein, müssen sie mit einer Metallsäge gekürzt und mit einer Feile entgrätet werden. Letzteres bedeutet, dass Sie die Schnittkante so abfeilen, dass sie glatt ist. Sägen Sie keinesfalls zu viel ab! Wenn es Ihnen hilft, können Sie die Ventile so drehen, dass sie nach innen in Richtung der Rohre zeigen. Markieren Sie unbedingt die Sägestelle, um die Rohre nicht an der falschen Stelle zu durchtrennen. Manche Armaturen verfügen über flexible Anschlussschläuche, die aufgrund ihrer Flexibilität nicht gekürzt werden müssen.

Nun ziehen Sie die Überwurfmuttern der Ventile fest und befestigen die Hebevorrichtung des Exzenterstopfens. Zuletzt überprüfen Sie, ob alles festsitzt und die Ventile dicht sind. Beim Einbau Ihres Küchenwasserhahns gehen Sie identisch vor. Lediglich die Befestigung an der Spüle erfolgt durch Festziehen der Feststellmutter. Außerdem entfällt die Installation der Hebevorrichtung in den meisten Fällen, da Exzenterstopfen häufig nur in Waschbecken vorkommen.

So tauschen Sie Ihr Waschbecken aus

Möchten Sie Ihr Waschbecken abnehmen, gehen Sie dabei vor, wie bereits beim Wechsel des Wasserhahns beschrieben: Siphon abschrauben, Ventile schließen, Anschlussrohre vom Wasserhahn lösen, Feststellmuttern vom Waschbecken lösen und es schließlich von der Wand abziehen.

Nun können Sie das neue Waschbecken anbringen. Achten Sie beim Kauf darauf, dass die Dimensionen des neuen Waschbeckens den dafür vorgesehenen Platz nicht überschreiten. Können Sie die alten Bohrlöcher nicht wiederverwenden, müssen neue gebohrt werden. Dafür benötigen Sie eine Schlagbohrmaschine sowie einen 14-mm-Steinbohrer. Am besten kaufen Sie sich außerdem einen Montagesatz für Waschbecken. Dieser enthält Dübel, geeignete Schrauben und sogenannte Bundscheiben. Als Erstes markieren Sie die Mitte zwischen den beiden Ventilen, damit sich der Abfluss später auf selber Höhe wie das Abflussrohr befindet. Danach markieren Sie die Bohrlöcher in geeigneter Höhe und im richtigen Abstand zueinander. Außerdem sollten Sie unbedingt mit einer Wasserwaage überprüfen, ob Sie die Löcher gerade markiert haben. Beachten Sie außerdem, dass das Waschbecken ca. 85 cm hoch hängen sollte. Mit der Schlagbohrmaschine bohren Sie anschließend die Löcher. Ein Stück Klebeband auf den Bohrlochmarkierungen verhindert, mit dem Bohrer abzurutschen. Schalten Sie die Schlagbohrfunktion aus, solange Sie die erste Schicht der Fliesen, die sogenannte Glasur, durchbohren. Haben Sie diese durchbohrt, schalten Sie die Schlagbohrfunktion wieder hinzu und bohren die Löcher mindestens 9 cm tief. Wichtig ist zudem, die Löcher von Bohrstaub zu befreien, bevor die Dübel eingesteckt werden. Danach drehen Sie die Stockschrauben fest in die Dübel, sodass die Gewinde, auf die das Waschbecken später aufgesteckt und festgeschraubt wird, nach außen zeigen. Denken Sie daran, die Armatur am besten vor der Waschbeckenmontage anzubauen. Haben Sie die bereits beschriebenen Schritte durchgeführt, wäre nun der beste Zeitpunkt dafür.

Danach versehen Sie die Ränder der Waschbeckenrückseite mit Dichtungskitt, wie beispielsweise Sanitär-Silikon. Gemeinsam mit einem Helfer können Sie das Waschbecken nun auf die Gewinde schieben, die Bundscheiben aufstecken und schließlich die Muttern festziehen. Ziehen Sie die Muttern dabei gleichmäßig an – also abwechselnd auf der einen und der anderen Seite, damit der Druck gleichmäßig verteilt ist.

Da das Waschbecken nun hängt, können Sie den Einlauf des Siphons in das Loch am Waschbeckenboden einführen. Damit dieser dicht ist, muss er ebenfalls mit Silikonkitt kreisförmig abgedichtet werden. Danach können Sie Siphon und Wasserhahn wie bereits beschrieben wieder anschließen und überprüfen, ob alles dicht ist.

So wechseln Sie Ihre Duscharmatur

Möchten Sie Ihre Duscharmatur auswechseln, ist das ebenfalls in wenigen Schritten möglich. Als Erstes müssen Sie hier das Wasser abstellen. Dies erfolgt meist über einen Haupthahn im Keller. Danach öffnen Sie den Hahn, um zu überprüfen, dass kein Wasserdruck mehr vorliegt oder das restliche Wasser herausläuft. Mit einer Rohrzange werden nun die Überwurfmuttern der Duschbrause und der

Armaturenanschlüsse gelöst. Achten Sie wieder darauf, keine Kratzer zu verursachen!

Sollte die neue Armatur auf die alten Anschlüsse passen, können Sie diese in umgekehrter Reihenfolge anschließen. Sollten die Anschlüsse der neuen Armatur allerdings breiter oder schmaler sein, müssen Sie die S-Bögen in der Wand anpassen. Dafür müssen zunächst die Rosetten abgedreht werden. Dies erfolgt entweder händisch oder mit einer großen Wasserpumpenzange. Möchten Sie die vorhandenen S-Gewinde tauschen, können Sie sie mit einer Wasserpumpenzange herausschrauben und das Innengewinde der Rohre mit einer Rundbürste reinigen. Danach müssen Sie dafür sorgen, dass die neuen S-Bögen abgedichtet sind. Dies erreichen Sie, indem Sie das kleinere Gewinde, das in die Wand geschraubt wird, mit Teflonband umwickeln. Danach schrauben Sie die S-Bögen auf beiden Seiten gleichmäßig in die Wand und ziehen diese ordentlich fest. Dabei sollte darauf geachtet werden, dass die Stellung der Bögen passend zu der neuen Mischkonsole ist. Nun müssen Sie die neue Konsole nur noch in umgekehrter Reihenfolge anbauen, in der Sie die alte abgebaut haben.

So reparieren Sie Ihren Spülkasten

Nicht nur Ihre Dusche oder ihr Wasserhahn kann aufgrund defekter Dichtungen zu tropfen beginnen, sondern auch der Spülkasten Ihrer Toilette. Sollten Sie dies bemerken, gehen Sie die Reparatur möglichst zügig an, da anderenfalls nicht unerhebliche Mengen an Wasser buchstäblich im Klo heruntergespült werden. Um dies zu beheben, nehmen Sie als Erstes den Spülkastendeckel ab, um die Fehlerquelle zu lokalisieren. Ursache für laufendes Wasser können entweder ein defekter Schwimmer oder eine undichte Ablaufdichtung sein. Um die

Funktion des Schwimmers zu kontrollieren, drehen Sie zunächst den Wasserzulauf am Ventil der Zuleitung ab. Danach ziehen Sie an der Heberglocke, um den Spülkasten zu entleeren. Sollte der Schwimmer Anzeichen von Verkalkung oder Verschmutzung aufweisen, bauen Sie ihn aus und reinigen ihn. Dazu müssen Sie lediglich die Überwurfmutter des Schwimmers lösen und können diesen nun aus dem Kasten heben. Gegen Verkalkungen hilft am besten ein Kalkbad, wie es bereits bei der Reinigung eines verstopften Wasserhahns erklärt worden ist. Die Funktion des Schwimmers ist dann wieder korrekt hergestellt, wenn er den Wasserzulauf gänzlich schließt, sodass kein Wasser mehr nachläuft. Sollte die Reinigung keine ausreichende Wirkung gezeigt haben, sollten Sie einen neuen Schwimmer kaufen, den Sie anstelle des alten einsetzen. Allerdings können auch defekte Dichtungen für nicht aufhörenden Wasserfluss verantwortlich sein. Um diese zu tauschen, heben Sie die Ablaufarmatur heraus und reinigen Sie entweder die dort befindliche Dichtung oder tauschen Sie sie ganz aus.

Sollten Sie beim Öffnen des Spülkastens feststellen, dass dieser aufgrund hohen Alters bereits sehr marode oder stark verschmutzt von innen aussieht, ist es manchmal das Beste, diesen vollständig auszutauschen. Dafür legen Sie sich am besten ein Modell mit Wasserspartaste zu. Wie weit der Abstand des Kastenbodens vom Einlauf des WCs entfernt sein muss, hängt vom Modell ab, liegt aber in der Regel zwischen 12 und 20 cm. Montieren Sie zunächst das Ablaufrohr, und schieben Sie es in die Öffnung des Einlaufs. Nun markieren Sie die Höhe der oberen Kante des Kastens an der Wand. Danach messen Sie den Abstand der Oberkante zu den Schraublöchern und übertragen diese Entfernung an die Markierung Ihrer Wand. Nun können Sie erneut mit einem Steinbohrer und einer Schlagbohrmaschine die nötigen Löcher bohren. Deaktivieren Sie dafür wie beim Anbau des Waschbeckens zuerst die Schlagbohrfunktion, und aktivieren Sie diese wieder, sobald Sie die Glasur der Fliese durchbohrt haben. Danach entfernen Sie den Staub aus dem Bohrloch, stecken passende Dübel ein und können den Spülkasten anschrauben. Dann bringen Sie das Ablaufrohr am Einlauf der Toilette an, schließen die Wasserleitung am Spülkasten an, öffnen das Ventil und testen den Spülkasten auf Funktion sowie Dichtigkeit.

Was Sie bei einem Wasserrohrbruch tun müssen

Zu unnötigem Wasserverlust kann nicht nur eine defekte Spülung führen, sondern auch ein Wasserrohrbruch. Bei Letzterem erweisen sich allerdings die Schäden, die das ausgetretene Wasser anrichten kann, als wesentlich gravierender als die Mehrkosten für das verbrauchte Wasser. Bemerken Sie einen Wasserrohrbruch, müssen Sie stets sofort die Wasserversorgung über den Hauptwasserhahn abstellen. Im Bad gibt es auch oftmals ein Sperrventil, das Sie betätigen können, um den Wasserfluss zu stoppen. Häufig sind Rohrbrüche aber nicht sofort zu erkennen. Haben Sie nicht gerade ein Rohr in Ihrer Dusche angebohrt, sodass das Wasser aus dem Bohrloch herausschießt, sind die Hinweise meist subtiler. Nasse Flecken an der Wand, Feuchtigkeit, Schimmel oder muffiger Geruch deuten stark auf einen Rohrbruch hin. Haben Sie solche Indizien gefunden, besteht nun das Problem, den Rohrbruch zu lokalisieren. Denn während ein Rohrbruch lediglich ein kleines Loch im Rohr ist, ist ein nasser Fleck an der Wand wesentlich größer und gibt nur wenig Rückschlüsse auf die genaue Stelle. Doch auch wenn Sie die genaue Stelle ermitteln, müssten Sie nun die Wand aufreißen und dann versuchen, das Loch wieder dicht zu bekommen. Für Sie sollte daher Schadensbegrenzung an erster Stelle stehen. Das bedeutet: sofort Wasser abschalten, damit nicht noch mehr Wasser aus dem Rohr austritt, und anschließend versuchen, den Schaden in der Wohnung wieder zu beheben. Als Nächstes kontaktieren Sie einen Handwerker und beschreiben ihm die Situation. Abhängig vom Schaden und ob Sie gänzlich auf Wasser in Ihrer Wohnung verzichten müssen, sollten Sie einen Notdienst kontaktieren, damit der Schaden schneller behoben wird. Bevor Sie dazu übergehen, den Schaden einzugrenzen, sollten Sie Fotos sämtlicher betroffenen Stellen und Schäden machen, um diese im Anschluss an Ihre Versicherung weiterzuleiten. Danach kontaktieren Sie am besten Ihre Versicherung und schildern dieser ebenfalls die Situation. Bei Mietern greift hier die Hausratversicherung, bei Vermietern oder Eigentümern die Wohngebäudeversicherung wie auch die Hausratversicherung. Sollten die Schäden auch auf fremdes Eigentum übergegangen sein, muss zusätzlich die Haftpflichtversicherung eingeschaltet werden.

Danach versuchen Sie, alles vom Wasser Geschädigte zu trocknen. Die betroffene Wand selbst zu trocknen, ist meist nicht ohne Weiteres möglich, sondern erfordert einen Bautrockner. Die richtige Vorgehensweise ist dabei stets abhängig von Komponenten wie Ausmaß des Schadens oder Art der Wand. Am besten wird Ihnen dies ein Handwerker beantworten können, der sich die Situation vor Ort ansieht.

Sollte der Rohrbruch an einem frei liegenden Rohr entstanden sein, dann können Sie die Stelle auch provisorisch abdichten, bis ein Handwerker den Schaden vollständig beheben kann. Bei einem Kupferrohr können Sie die betroffene Stelle beispielsweise anschleifen und mit Epoxidharzkleber abdichten. Tritt an Rohrverbindungen von Stahlrohren Flüssigkeit aus, können Sie diese mit Flüssigstahl versiegeln. Eine andere Möglichkeit besteht darin, ein Stück Fahrradschlauch um die Leckage zu wickeln, ein Stück Blech als nächste Schicht herumzuwickeln und abschließend beides mit Draht zu verdrillen. Alternativ können Sie auch ein Stück Gartenschlauch um die Stelle legen und diese mit Schlauchschellen fest an die betroffene Stelle drücken. Eine bessere und vor allem verlässlichere Möglichkeit besteht darin, ein spezielles Reparatur-Set im Baumarkt zu kaufen. Dieses besteht aus einem Gummischlauch, der um das Rohr gelegt wird, sowie zwei Halbschalen, die das Rohr umschließen. Diese werden anschließend mit vier Inbusschrauben zusammengeschraubt. Mit diesem Reparatur-Set können Sie Ihr Rohr dauerhaft abdichten – Sie müssen aber darauf achten, das Set im korrekten Durchmesser zu kaufen.

Was Sie bei Schimmelbefall tun müssen

Entdecken Sie Schimmel in Ihrer Wohnung, deutet dies nicht immer auf einen Rohrbruch hin. Vor allem in Ihrem Badezimmer, aber auch in anderen Räumen kann Schimmel auch durch erhöhte Feuchtigkeit oder schlechte Wärmedämmung entstehen. Ebenso können falsches Heizen und Lüften zu Schimmel führen. Anstatt ein Fenster über längere Zeit auf Kipp stehen zu haben, sollten Sie beispielsweise lieber stoßlüften, da die Wände so weniger auskühlen. Sollten Sie bemerken, dass es hinter Möbeln zu Schimmelbefall kommt, rücken Sie diese ein paar Zentimeter von der Wand weg. Helfen könnte auch, diese gegen Möbel mit Füßen auszutauschen, da bei diesen auch Luftzirkulation von unten stattfinden kann.

Kommt es trotz vorbeugender Maßnahmen zu Schimmelbefall, sollten Sie diesen schnellstmöglich bekämpfen. Sind bestimmte Stellen an der Wand betroffen, müssen Sie versuchen, diese auszutrocknen, gründlich zu säubern und dann zu behandeln. Eine Tiefengrundierung vermindert die Saugfähigkeit der Wand und verhindert zukünftig deren

Durchfeuchtung. Nach dem Tiefengrund tragen Sie dann spezielle fungizide Farbe auf, die Schimmel effektiv vorbeugt.

Sollten Sie den Schimmel in Ihrem Bad dennoch nicht erfolgreich bekämpfen können, achten Sie darauf, stets gründlich zu lüften. Zusätzlich empfiehlt es sich, die nach dem Duschen an den Fliesen verbliebenen Wassertropfen mit einem Fensterwischer abzuwischen. Auch erhöhte Temperatur hilft gegen Schimmel.

Bildet sich in den Fugen von Fliesen Schimmel, besprühen Sie diese zuerst mit einem Schimmelentferner, lassen ihn kurz einwirken und reiben den Schimmel anschließend mit einem groben Schwamm weg.

So erneuern Sie Ihre Fugen

Eindringende Feuchtigkeit im Bad kann auch bei reißenden Randfugen ein Problem darstellen. Wenn Sie Risse in den Randfugen ihres Fliesenbodens erkennen, sollten Sie daher die Randfuge erneuern. Besteht die Fuge aus Mörtel, kratzen Sie sie mit einem geeigneten Werkzeug wie einem Schlitzschraubenzieher heraus. Sockel- und Bodenfliesen dürfen keine Verbindung mehr aufweisen. Bei Silikonfugen schneiden Sie die Fuge mit einem Cutter heraus. Sollten manche Reste besonders hartnäckig sein, können Sie auch einen Silikonentferner zu Hilfe nehmen. Kleben Sie nun die Fliesen ober- und unterhalb der Fuge ab, um sie nicht zu beschmutzen. Danach tragen Sie Fugenvorstrich auf, damit das neue Silikon besser haftet, und legen Sie mithilfe eines Schraubenziehers eine sogenannte Hinterfüllschnur in der Fuge aus. Diese verhindert, dass Dichtmittel und Fugengrund miteinander in Berührung kommen. Die neue Dichtmasse wird dann gleichmäßig in der Fuge aufgetragen. Überschüssiges Silikon entfernen Sie, indem Sie das Glättwerkzeug mit etwas Spüliwasser benetzen und damit das neue Silikon abschaben. Danach können Sie das Silikon mit einem Fugenglätter oder Ihrem Finger glatt streichen.

So tauschen Sie kaputte Fliesen aus

Weist eine der Badezimmerfliesen einen Riss auf, können Sie diese auch einzeln austauschen. Dafür lohnt es sich, beim Fliesenlegen übriggebliebene Fliesen aufzubewahren. Zunächst entfernen Sie den Mörtel der umliegenden Fuge. Dafür eignet sich ein Fugenkratzer am besten. Mit einem kleinen Meißel schlagen Sie nun die beschädigte Fuge heraus. Gehen Sie dabei von der Mitte zu den Rändern vor. Anschließend entfernen Sie auch den Klebemörtel unter der Fliese. Tragen Sie nun neuen Kleber auf, den Sie speziell für Reparaturen auch in kleineren Mengen kaufen können, und drücken Sie die neue Fliese danach auf den Kleber. Achten Sie darauf, dass die Fliese auf derselben Höhe ist wie der restliche Boden. Lassen Sie den Kleber einen Tag trocknen, und füllen Sie dann die Fugen mit Fugenmörtel. Sobald dieser zu trocknen beginnt, können Sie die Fliese mit einem nassen Schwamm reinigen.

So bauen Sie Herd und Spülmaschine fachgerecht ein

Als Letztes soll in diesem Kapitel der Einbau von Herd und Spülmaschine beschrieben werden. Beachten Sie allerdings, dass Sie einen Herd zwar einbauen, aber nicht anschließen dürfen. Dies muss stets von einer Fachkraft durchgeführt werden. Bevor Sie mit dem Einbau des Herds beginnen, sollten Sie außerdem überprüfen, ob die benötigten Anschlüsse für den Herd bereits vorhanden sind. Sind Sie diesbezüglich unsicher, führen Sie den gesamten Einbau am besten mit einem Elektriker durch.

Heutzutage bestehen Herde üblicherweise aus einem Backofen und einem Kochfeld, die getrennt voneinander sind. Für den Einbau des Kochfeldes brauchen Sie eine Aussparung in Ihrer Arbeitsplatte. Befindet sich eine solche Aussparung bereits in der Platte, muss das neue Kochfeld mindestens gleich groß, am besten aber etwas größer sein. Um die genaue Größe der Aussparung zu ermitteln und anzuzeichnen, liegt Ihrem Herd eine Einbauschablone bei. Mithilfe dieser ermitteln Sie die optimale Position des Kochfeldes und markieren diese. Mit einer Stichsäge schneiden Sie diese nun vorsichtig aus. Arbeiten Sie dabei von unten her, damit die Ränder nicht ausfasern. Danach glätten Sie die Ränder ein wenig, indem Sie diese abschleifen. Anschließend können Sie das Kochfeld in die Aussparung einsetzen und befestigen. Dafür sind in der Regel Klammern vorgesehen. Bevor Sie das Kochfeld befestigen, müssen Sie es allerdings noch abdichten. Damit verhindern Sie, dass Wasser oder Ähnliches unter die Arbeitsplatte gelangen kann.

Bei einem Kochfeld mit Rahmen drehen Sie dieses am besten auf den Kopf und tragen nun hitzebeständiges Silikon von unten auf den Rahmen auf. Danach drehen Sie das Kochfeld und setzen es vorsichtig in die Aussparung ein. Nach zwei Tagen ist das Silikon vollständig durchgehärtet. Nun können Sie das Kochfeld vom Elektriker anschließen lassen. Den Backofen müssen Sie anschließend nur noch in die vorgesehene Position einschieben und mit Schrauben sichern. Angeschlossen wird er meist, indem er in eine für ihn vorgesehene Steckdose gesteckt wird.

Befinden sich in Ihrer Küche auch schon Anschlüsse für eine Spülmaschine, können Sie diese ebenfalls selbst installieren und – im Gegensatz zum Herd – eigenständig anschließen. Die Breite der Maschine beträgt im Normalfall 60 cm, manche sind mit 45 cm aber auch schmaler. Damit die Höhe bündig mit der Arbeitsplatte ist, hat die Spülmaschine entweder höhenverstellbare Füße, oder Sie können diese nachkaufen.

Für den Einbau der Spülmaschine entfernen Sie zunächst die Transportsicherung. Dies ist entweder selbsterklärend oder lässt sich in der Gebrauchsanweisung nachlesen. Sollte der Abwasserschlauch noch nicht an der Rückseite der Spülmaschine angebaut worden sein, erledigen Sie dies am besten als Erstes. Dafür ist eine Art Stutzen mit bestimmtem Verschluss vorgesehen. Am Ende des Abwasserschlauches befindet sich das dazu passende Gegenstück. Dieser kann nun an das Abwasserrohr angeschlossen werden. Befindet sich daran keine Dichtungsmanschette, sollte diese angebaut werden.

Um den Frischwasserschlauch anzuschließen, sollten Sie als Erstes die Wasserzufuhr über das Eckventil absperren. Nun können Sie den Schlauch der Spülmaschine entweder direkt auf das Ventil Ihrer Küche schrauben, oder Sie brauchen einen passenden Adapter bzw. ein Reduzierstück. Sind Sie sich unsicher, was Sie für den korrekten Anschluss benötigen, dann messen Sie die Gewinde aus, machen Sie Bilder davon, und lassen Sie sich in einem Baumarkt beraten. Sind sämtliche Anschlüsse angeschraubt, drehen Sie die Wasserzufuhr wieder auf und überprüfen mit einem Probelauf, ob alles dicht ist. Trifft das zu, sollten Sie als Nächstes mit einer Wasserwaage überprüfen, ob die Spülmaschine gerade steht. Außerdem können Sie die Höhe nun mit der Arbeitsplatte ausrichten und die Spülmaschine in ihre finale Position bringen. Die nun folgende Fixierung variiert von Hersteller zu Hersteller – genauso wie das Anbringen von Fronten und/oder Blenden. Dafür ziehen Sie am besten die Gebrauchsanweisung zurate.

SO FÜHREN SIE REPARATUREN IHRER ELEKTRONIK DURCH

Was Sie über Strom wissen müssen

Was die Arbeit mit Strom betrifft, sollten Sie als Laie äußerst vorsichtig sein. Ihre Sicherheit steht dabei immer an erster Stelle. Sind Sie sich mit etwas unsicher oder trauen sich einen bestimmten Arbeitsschritt nicht zu, ziehen Sie lieber einen Elektriker zurate! Überprüfen Sie außerdem alle Sicherheitsvorkehrungen, die Sie für Ihre Arbeit treffen, lieber einmal zu viel als einmal zu wenig. Arbeiten Sie ausschließlich mit Leitungen, deren Sicherungen Sie zuvor deaktiviert haben. Lassen Sie außerdem nie Leitungen frei herumhängen, sondern bringen Sie Ihre Arbeiten entweder zu Ende, oder isolieren Sie die Leitungsenden ab, bevor Sie für den Tag Feierabend machen. Ein paar Umwicklungen mit Elektrikertape reichen dafür bereits. Verlassen Sie sich außerdem niemals nur darauf, dass Ihre Zange oder Ihr Schraubenzieher dank Griffen aus Gummi isoliert ist. Sie gehen ja auch nicht blind über die Straße, nur weil die Ampel Grün zeigt. Außerdem müssen Sie sich darüber bewusst sein, dass Sie durch fehlerhafte Reparaturen oder Umbauten entstandene Schäden selbst zu verantworten haben – auch gegenüber Ihrem Stromanbieter und Ihrer Versicherung.

Reparaturen an Elektrogeräten dürfen Sie nie mit eingestecktem Stecker durchführen, unabhängig davon, ob das Gerät ausgeschaltet ist. Manche Leitungen im Inneren des Gerätes könnten nämlich dennoch auf Spannung stehen. Von der Reparatur von Fernsehern und Monitoren sollten Sie außerdem gänzlich absehen, da diese immer noch unter tödlicher Spannung stehen können, wenn Sie den Stecker bereits lange aus der Steckdose gezogen haben.

Spannungsprüfer und anderes Elektrowerkzeug

Grundsätzlich sollten Sie vor Ihrer Arbeit stets erst überprüfen, ob auf einer Leitung Strom steht. Dies sollte immer mit einem zweipoligen Spannungsprüfer geschehen, den man auch Duspol nennt. Phasenprüfer werden fälschlicherweise häufig auch als Spannungsprüfer bezeichnet, eignen sich für eine verlässliche Spannungsprüfung allerdings nicht. Phasenprüfer sehen aus wie reguläre Schraubenzieher, verfügen jedoch über ein durchsichtiges Gehäuse, in das ein Vorwiderstand und eine Glimmlampe integriert sind. Halten Sie die Spitze des Prüfers gegen eine spannungsführende Phase und drücken Sie den Daumen hinten gegen das Ende des Griffes, leuchtet die Lampe im Inneren bei Spannung auf. Im Gegensatz zum zweipoligen Spannungsprüfer misst der Phasenprüfer allerdings nicht, wie hoch oder niedrig die Spannung ist. Überdies kann es sein, dass er bei gut isoliertem Schuhwerk keine Spannung anzeigt. In anderen Fällen kann es auch vorkommen, dass er Spannung anzeigt, obwohl diese gar nicht vorliegt. Verlassen Sie sich deshalb ausschließlich auf das Ergebnis eines zweipoligen Spannungsprüfers, denn dieser liefert Ihnen verlässliche Prüfergebnisse. Auf dem Gerät ist angegeben, bis zu welcher Spannung der Prüfer benutzt werden darf. Berühren Sie für die Messung die Kontakte zweier Leitungen mit den Prüfspitzen. Abhängig von Ihrem Gerät wird die Spannung über eine Glimmlampe und einen Zeiger, LEDs oder eine digitale Anzeige angegeben.

Für Arbeit an Elektrik außerdem sehr nützlich ist eine Abisolierzange. Diese ermöglicht Ihnen das Abisolieren von Kabelenden in Sekundenschnelle. Behelfen Sie sich stattdessen mit einem Messer, benötigen Sie nicht nur viel mehr Zeit, sondern laufen zudem Gefahr, zu tief zu schneiden. Sollten Sie versehentlich in die Isolierung von Kabeln einschneiden, die Sie nicht einschneiden wollten, können Sie diese Stellen mit Isolierband wieder verschließen. Dabei handelt es sich um eine Art von Tape, die nicht mit Kleber haftet, sondern dehnbar ist und sich, wenn man es unter etwas Zugspannung wickelt, an das Kabel anschmiegt.

Mit einem Seitenschneider können Sie auch dickere Kabel problemlos durchtrennen. Spitzzangen eignen sich außerdem gut für das Halten oder Verdrillen von Kabelenden oder wenn Sie an ein schwer erreichbares Kabel ankommen müssen. Wenn Sie wissen, dass Sie noch viel Arbeit mit der Elektrik in Ihren vier Wänden vor sich haben, lohnt sich die Anschaffung eines Werkzeugsets für Elektriker. Dieses ergänzt die bereits genannten Werkzeuge um ein Set Schraubenzieher, Lötkolben und enthält meist auch Spannungs- und Phasenprüfer. Außerdem sind sämtliche Werkzeuge so konstruiert, dass sie Sie auch vor größeren Spannungen schützen können, sollte der Ernstfall einmal doch eintreten.

Wie der Strom zu Ihnen gelangt

Eines der häufigsten Probleme mit Strom ist nach dem Wechseln kaputter Glühbirnen wohl das Durchbrennen von Sicherungen. Haben Sie oder ein Elektrogerät einen Kurzschluss verursacht, brennt die Sicherung durch. In modernen Bauten befinden sich in der Regel sogenannte FI-Schalter, in vielen Altbauten aber noch nicht. FI-Schalter sind darauf ausgelegt, zu einem Gerät hin- und von einem Gerät abfließende Ströme zu überwachen. Geht ein Teil dieses hin- und herfließenden Stromes auf Sie über, bemerkt der Schalter die fehlende Differenz und unterbricht den Strom. Dies schützt Sie vor schweren Stromschlägen, es bedeutet aber auch, dass überhaupt erst Strom durch Ihren Körper fließen muss, bevor der Schalter tätig werden kann.

Der Strom, den Sie täglich verwenden, gelangt über unterirdisch verlegte Kabel von Ihrem Elektrizitätsunternehmen zu Ihrem Hausanschlusskasten. Dieser ist meist im Keller installiert. Der Hausanschlusskasten ist verplombt, da ausschließlich Fachkräfte zu diesem Zugang haben dürfen. Vom Hausanschlusskasten geht der Strom nun weiter zum Stromzähler. In Häusern mit mehreren Wohnungen auf jeder Etage stehen die Stromzähler in der Regel auf derselben Etage wie die zugehörigen Wohnungen – die Zähler sind also auf alle Etagen verteilt. Auch an Stromzählern darf als Laie keinerlei Reparatur oder Umbauarbeiten vorgenommen werden. Von dem Stromzähler geht der Strom nun in einen Stromkreisverteiler. Dieser befindet sich entweder direkt am Stromzähler oder in Ihrer Wohnung und sorgt dafür, dass sich die Hauptleitung in mehrere Stromkreise auftrennt. Jeder dieser Wechselstromkreise hat eine eigene Sicherung. Außerdem können sich dort auch FI-Schalter, Relais, Schaltuhren oder Transformatoren, die für die Gegensprechanlage des Hauses zuständig sind, befinden.

So tauschen Sie Sicherungen gefahrlos aus

Sicherungen tauchen in zwei Formen auf: als Schmelzsicherungen und Leitungsschutzschalter. Schmelzsicherungen haben einen Körper aus Porzellan, der mit Quarzsand gefüllt ist. Durch diesen ist ein Schmelzleiter geführt, der bei Überstrom schmilzt und die Stromverbindung damit unterbricht. Gleichzeitig löst sich dadurch der sogenannte Kennmelder, ein farbiger Punkt am Kopfkontakt der Sicherung, der anzeigt, dass die Sicherung durchgebrannt ist. Dies funktioniert nicht immer perfekt, meist lässt sich die kaputte Sicherung aber auch identifizieren, wenn der Kennmelder noch an seinem Platz ist, da dieser dann lose hängt. Um eine Schmelzsicherung zu wechseln, müssen Sie die Schraubkappe abnehmen, die auf den Sicherungssockel draufgeschraubt ist. In der Schraubkappe sollte eine Glasscheibe vorhanden sein, die als Berührungsschutz fungiert. Da unterschiedliche Sicherungen auf unterschiedliche Stromstärken ausgelegt sind, befinden sich im Sicherungssockel farbliche Markierungen. Diese müssen mit der Farbe des Kennmelders übereinstimmen. Außerdem müssen Sie darauf achten, ob Sie eine DIAZED (oder D-System) Sicherung benötigen oder eine NEOZED (oder D 0-System) Sicherung. Die beiden Formen sind leider nicht miteinander austauschbar. Da Schmelzsicherungen nicht wiederverwendbar sind, empfiehlt es sich sehr, mehrere Sicherungen in unterschiedlichen benötigten Stromstärken vorrätig zu haben. Alternativ können Sie anstelle von Schmelzsicherungen auch Sicherungsschraubautomaten verwenden. Diese lassen sich wiederverwenden, kosten aber auch zehn- bis fünfzehnmal so viel wie eine Schmelzsicherung für unter einen Euro. Bei Sicherungsautomaten springt ein schwarzer Knopf hervor, der den Stromfluss unterbricht. Ist die Fehlerquelle beseitigt, lässt sich der Knopf einfach wieder hineindrücken. Möchten Sie den Stromfluss unterbrechen, ohne die Sicherung herauszuschrauben, müssen Sie nur auf einen roten Knopf neben dem schwarzen drücken, dann springt der schwarze Knopf hervor.

Neuere Anlagen hingegen verwenden Leitungsschutzschalter anstelle von Sockeln für Schmelzsicherungen. Diese sind an einer Montageschiene angebracht und in einer Reihe installiert. Wie bei einem FI-Schalter klappt bei ihnen ein Kippschalter bei Überstrom herunter, der sich nach Beheben des Fehlers wieder hochklappen lässt. Dementsprechend bedeutet ein Schalter nach oben, dass Strom fließt, und ein Schalter nach unten, dass kein Strom fließt.

So finden Sie Fehler bei herausgesprungener Sicherung

Springt eine Sicherung heraus, liegt dies meist an einem Kurzschluss. Eine Überlastung der Leitung mit mehr Ampere, als die Sicherung händeln kann, ist eine weitere Möglichkeit. In diesem Fall sollten Sie weniger Verbraucher über den Stromkreis der überlasteten Sicherung betreiben. Verteilen Sie sie stattdessen lieber auf mehrere Steckdosen, die über unterschiedliche Sicherungen abgesichert sind. Vermeiden Sie es außerdem, mehrere Mehrfachsteckdosen miteinander zu verbinden. Dadurch können Sie die über die Mehrfachsteckdose verwendete Leistung so weit steigern, dass Sie schlimmstenfalls einen Schwelbrand im Inneren auslösen. Ihre Sicherung springt dabei gegebenenfalls nicht heraus, weil diese erst bei starker Überbelastung anschlägt. Ein Schwelbrand kann aber schon früher entstehen. Dann springt die Sicherung zwar spätestens heraus, doch das ist bereits zu spät. Tückisch an einem Schwelbrand ist zudem, dass er unsichtbar ist. Erst wenn er auf ein anderes Material überspringt, bilden sich sichtbare Flammen.

Sollten Sie weder ihre Leitung überlastet noch einen Kurzschluss ausgelöst haben, kann der Fehler auch in einem defekten Elektrogerät liegen. Gehen Geräte kaputt, kann es sein, dass sie einen Kurzschluss erzeugen, ohne dass es für Sie ersichtlich ist. Springt die Sicherung ohne erkennbaren Grund heraus, sollten Sie daher alle an den Stromkreislauf der Sicherung angeschlossenen Verbraucher abschließen. Nun stellen Sie den Stromfluss wieder her und schließen sämtliche Verbraucher wieder an, bis die Sicherung erneut auslöst.

Die letzte mögliche Fehlerquelle liegt in einem Schaden im Leitungsnetz selbst. Dies erkennen Sie daran, dass die Sicherung auch herausspringt, wenn keine Verbraucher mehr an Ihren Stromkreis angeschlossen sind.

Manche Elektrogeräte verbrauchen beim Einschalten mehr Strom als eigentlich als Belastung angegeben: Staubsauger beispielsweise. Dadurch kann die Sicherung herausspringen, obwohl sie den Strom eigentlich aushalten können sollte. Stellen Sie in diesem Fall die Saugkraft des Staubsaugers auf die niedrigste Stufe, und schalten Sie ihn dann ein.

Wie Kabel aufgebaut sind – und wie Sie sie in der Wand finden

Um Arbeiten mit Strom durchführen zu können, ist nicht nur das Wissen über den Weg des Stroms zu Ihnen erforderlich. Weitaus wichtiger ist es, den Aufbau sowie die Funktionsweise von Stromkabeln, die den Strom transportieren, zu kennen. Bei Kabeln handelt es sich um leitende Kupferdrähte, die mit Gummi isoliert sind, um ihren Strom nicht nach außen abzugeben. Ein Kabel – oder besser gesagt eine Leitung – besteht aus verschiedenen, isolierten Adern, die wiederum alle von einem Mantel umschlossen und geschützt werden. Eine Leitung besteht aus einem spannungsführenden Leiter, einem Neutralleiter und einem Schutzleiter. Der spannungsführende Leiter ist braun, schwarz oder grau, der Neutralleiter ist blau und der Schutzleiter grün-gelb.

Da es ästhetisch wenig ansprechend wäre, wenn alle für einen Haushalt benötigten Leitungen offen zu sehen wären, ist der Großteil der Elektrik in Häusern und Wohnungen unter Putz verlegt: Leitungen zu Steckdosen, Deckenlampen, Lampenschaltern und viele mehr. Dass sie dadurch unsichtbar sind, hat jedoch den Nachteil, dass man beim Bohren oder Nageln in die Wand Gefahr läuft, eine Leitung zu treffen. Mit einem Leitungssuchgerät können Sie diese Gefahr umgehen. Dieses zeigt beim Halten an die Wand spannungsführende Metalle und Leitungen an und verrät Ihnen dadurch, wo Sie gefahrlos bohren können. Solche Geräte sind allerdings nicht auf den Zentimeter präzise. Daher sollten Sie einen Sicherheitsabstand von zehn bis zwanzig Zentimetern zu jener Stelle wahren, an der das Gerät ausgeschlagen hat. Anhand von Schaltern und Steckdosen können Sie sich außerdem den ungefähren Leitungsverlauf erschließen. Renovieren Sie Ihr Haus, dokumentieren Sie die in der Wand verlegten Leitungen fotografisch und fügen Sie diese Bilder Ihren Bauunterlagen hinzu.

Wie Sie lose Steckdosen wieder festziehen oder austauschen

Kommt eine Ihrer Steckdosen aus der Wand, weil sich ihre Befestigung langsam löst, sollten Sie dies unbedingt reparieren. Schalten Sie dafür die Sicherung aus, und überprüfen Sie anschließend mit einem Spannungsprüfer, ob wirklich keine Spannung auf der Leitung ist. Dann schrauben Sie die Befestigungsschraube in der Mitte ab und können anschließend Abdeckung und Rahmen der Steckdose entfernen. Nun können Sie die Metallkrallen erkennen, die die Steckdose an Ort und Stelle halten. Ziehen Sie diese durch Anziehen der Spannschrauben wieder fest. Achten Sie dabei unbedingt darauf, keine Kabel einzuklemmen, da anderenfalls die gesamte Steckdose unter Spannung stehen kann. Am besten überprüfen Sie anschließend, ob der Metallrahmen tatsächlich spannungsfrei ist. Danach können Sie die Abdeckung wieder montieren und die Sicherung erneut einschalten.

Möchten Sie stattdessen die Steckdose auswechseln, müssen Sie die Spannschrauben der Metallkrallen lösen, die alte Steckdose herausziehen und die Adern lösen. Alte Steckdosen verwenden für das Anschließen von Adern Schraubklemmen, die Sie lösen müssen. Neue hingegen verfügen über eine schraublose Klemmtechnik. Der spannungsführende Leiter (braun/schwarz/grau) und der Neutralleiter (blau) kommen an die beiden äußeren Klemmen, der Schutzleiter (grün-gelb) an die mittlere.

Wie Sie Lichtschalter wechseln/Dimmer einbauen

Der Wechsel eines Lichtschalters erfolgt sehr ähnlich. Zunächst müssen Sie die richtige Sicherung ausschalten, dann die Schalterwippe und den Rahmen des Schalters entfernen. Meist sind beide lediglich aufgesteckt. Bei älteren Schaltern kann es allerdings vorkommen, dass man eine Platte um die Schaltwippe abschrauben muss. Dann sind in der Regel sowohl Wippe als auch Platte gelöst. Nun lösen Sie die Spreizkrallen wie bei der Demontage der Steckdose und ziehen den Schalter heraus. Machen Sie am besten zur Sicherheit ein Foto der Anschlüsse, um den neuen Schalter richtig zu verkabeln. Auch hier werden die Adern entweder mit Schraubklemmen oder per Klemmtechnik gehalten. Schließen Sie die Adern nun an den neuen Schalter an, und setzen Sie ihn erneut in den Putz ein. Dann ziehen Sie die Spreizkrallen an, befestigen Rahmen und Schalterwippe und aktivieren die Sicherung wieder.

Anstelle eines neuen Schalters können Sie auch einen Dimmer einbauen, mit dem sich die Lampe nicht nur ein- und ausschalten, sondern auch dimmen lässt. Der Vorgang ist identisch: Sicherung ausschalten, Wippe und Rahmen entfernen, Spreizkrallen lösen, Verkabelung merken und lösen, Dimmer verkabeln und wieder in die Wand einbauen. Lediglich am Ende wird der Regelknopf anstelle der Schalterwippe aufgesteckt. Allerdings müssen Sie zunächst den richtigen Dimmer auswählen. Die meisten Modelle können Lampen zwischen 40 und 400 Watt regeln, manche auch Lampen bis 1000 Watt. Jedoch muss der Dimmer auch zum Transformator passen. Seien Sie sich daher bewusst, in welches System Sie den Dimmer integrieren wollen, und lassen Sie sich am besten im Laden dazu beraten. Wollen Sie LED-Energiesparlampen, Leuchtstoffröhren oder Leuchtstoffenergiesparlampen verwenden, müssen Sie auf spezielle Modelle zurückgreifen, die mit Dimmern kompatibel sind.

Dimmer gibt es mit Drehknöpfen oder als Tastdimmer. Bei Ersteren dreht man die Helligkeit der Lampe mit dem Drehknopf hoch oder runter. Bei Tastdimmern schaltet man die Lampe durch Drücken an und aus. Drückt man die Taste länger, kann man die Lampe dimmen. Manche Tastdimmer besitzen sogar noch weitere Funktionen. Bei zu vielen Funktionen kann es allerdings unübersichtlich werden, welcher Tastendruck welche Aktion auslöst. Überlegen Sie sich daher vor dem Kauf, welches Modell am besten zu Ihnen passt.

So hängen Sie Lampen auf und wechseln Glühbirnen

Lichtschalter oder Dimmer sind natürlich ohne passende Lampen nur wenig sinnvoll. Wie Sie Ihre Deckenleuchte installieren, hängt vom spezifischen Modell ihrer Lampe ab. Manche werden mit einem Haken befestigt, bei anderen verschraubt man eine Platte an der Decke, an der dann die restliche Lampe installiert wird. In beiden Fällen benötigen Sie einen Steinbohrer, mit dem Sie eines oder mehrere Löcher in die

Decke bohren. Benutzen Sie dafür ausschließlich stabile Leitern oder Tritte, auf denen Sie keine Gefahr laufen, bei Ihren Arbeiten zu stürzen. Achten Sie außerdem darauf, dass alle Füße fest auf dem Boden stehen und nicht kippeln. Haben Sie ermittelt, wo die Anschlussleitungen der Lampe unter dem Deckenputz verlaufen, bohren Sie mit einem dünnen Bohrer vor und anschließend mit einem Bohrer in passender Größe das Loch für den Dübel. Stecken Sie die Dübel in die Löcher, und schließen Sie dann die Lampe mit den drei Adern an. Danach verschrauben Sie die Lampe mit passenden Schrauben. Eine weitere Person zur Hilfe kann hier sehr nützlich sein – vor allem, wenn die Lampe schwer oder unhandlich ist.

Haben Sie die Lampe installiert, hält das gewählte Leuchtmittel zwischen 1000 bis 15.000 Stunden. Dies erscheint erst einmal lang, dennoch kommt es irgendwann unweigerlich dazu, dass eine Glühlampe ihren Dienst quittiert. Die gängigsten Gewindegrößen sind E27 sowie E14. Die Zahl gibt den Außendurchmesser des Sockels an, E27-Sockel sind dementsprechend größer als E14-Sockel. Müssen Sie ein Leuchtmittel wechseln, sorgen Sie zunächst dafür, dass die Stromzufuhr unterbrochen ist. Deaktivieren Sie hierfür die Sicherung der Lampe. Bedenken Sie, dass Lampen auch nach ihrem Betrieb noch einige Zeit große Hitze abgeben können, sofern Sie die betroffene Lampe sofort wechseln wollen. Manche Deckenlampen haben Abdeckgläser, die durchaus schwer sein können – auch hier ist eine zweite Person sehr hilfreich. Diese Gläser können entweder verschraubt sein oder durch kleine Schrauben eingeklemmt. Nehmen Sie die Glühlampe nun heraus, und wechseln Sie sie mit einer anderen passenden Lampe. Achten Sie dabei unbedingt auf die Maximalleistung der Leuchte. Setzen Sie eine zu starke Lampe ein, kann dies zu Erhitzungen und sogar Bränden führen.

Sind Sie sich nicht sicher, wie stark die Lampe für Ihre Leuchte sein darf, orientieren Sie sich an der vorherigen Lampe. Die gleiche oder weniger Leistung stellt keinerlei Probleme dar. Außerdem können Sie nun eine Energiesparlampe installieren, die weniger Strom verbraucht.

So reparieren Sie ihre Klingel

Der letzte Problemfall in Ihrer hauseigenen Elektrik, den Sie selbst beheben können, ist die Reparatur Ihrer Klingel. Diese besteht nicht nur aus dem Knopf an Ihrem Hauseingang, neben dem Ihr Name steht, sondern für gewöhnlich aus drei Bestandteilen: Neben dem Klingelknopf gibt es noch die Klingel selbst, die den Ton produziert, sowie einen Transformator, der die 230 V ihres Hauses zu Kleinspannung wandelt. Der Transformator ist meist mit in den Stromkreisverteiler integriert und sollte daher NUR von einem Fachmann ausgetauscht werden. Ihre Klingel hingegen können Sie relativ einfach selbst auswechseln. Entfernen Sie den meist aufgesetzten Deckel, indem Sie diesen abheben. Dann können Sie die Anschlusskabel lösen, sollten sich deren Verkabelung allerdings für die Installation der neuen Klingel merken. Haben Sie die Kabel gelöst, können Sie die Klingel durch Lösen der Halteschrauben abbauen. Im Idealfall können Sie die Dübel für die Installation der neuen Klingel verwenden. Nun müssen Sie sich entscheiden, welches System Sie bevorzugen. Sie können sich entscheiden, ob Sie eine Klingel oder einen elektronischen Gong nehmen wollen. Bei einer Klingel wird entweder eine Metallkuppel oder Metallplatten angeschlagen, die den Ton erzeugen. Bei einem elektronischen Gong hingegen wird der Ton über einen Chip erzeugt, weshalb dieses System eine Auswahl an verschiedenen wählbaren Tönen enthält. Haben Sie sich für das System entschieden, können Sie dieses nun an die Wand schrauben. Anschließend verkabeln Sie es und setzen den Deckel wieder auf.

Ist Ihr Klingelknopf defekt, heben Sie zuerst die Abdeckung des Namensschildes ab und können nun die dahinterliegenden Schrauben lösen und die Verkabelung sehen. Diese lösen Sie ebenfalls, nachdem Sie sich die Anschlüsse gemerkt haben. Danach können Sie die Grundplatte der Klingel ab- und jene der neuen Klingel anschrauben. Sofern Sie dafür neue Bohrungen machen müssen, müssen Sie unbedingt darauf achten, keine Leitungen zu beschädigen. Anschließend verkabeln Sie die neue Klingel und schrauben die Klingelabdeckung an. Darauf legen Sie dann den Deckel des Namensschildes, legen ihr Namensschild ein und drücken abschließend das Abdeckglas auf Ihr Schild. Nun sind Sie wieder bestens auf Besuch vorbereitet.

WIE SIE MÖBEL REPARIEREN, ANSTATT SIE NEU ZU KAUFEN

So bessern Sie Oberflächenschäden aus

Möbel aus Holz sehen meist nicht nur ästhetischer aus als Möbel aus Sperrholz oder Kunststoff, sondern bieten zudem den Vorteil, dass man sie ausbessern, auffrischen oder reparieren kann. Sie bringen zwar in der Regel mehr Gewicht auf die Waage, sind dafür aber auch langlebiger und halten mehr Gebrauch aus.

Sollten Sie beschädigte Holzoberflächen ausbessern wollen, tun Sie dies – wie beim Ausbessern von Türen – mit Reparaturwachs, Wasser- oder Ölfarbe und klarem Sprühlack. Das Wachs sollte dem hellsten Holzton entsprechen, die Farbe dem dunkelsten. Zunächst entfernen Sie jegliches unerwünschtes oder beschädigtes Material mit einem Cuttermesser, und reinigen Sie die betreffende Stelle. Dann erhitzen Sie die Klinge des Messers und stecken diese in die Mitte der Stelle. Wenn Sie nun das Wachs gegen die heiße Klinge drücken, läuft es daran herunter und fließt in die Aussparung im Holz. Hat es diese ausgefüllt, lassen Sie es austrocknen und schaben das überstehende Wachs mit einer Rasierklinge ab. Danach streichen Sie die Stelle mit dem Finger glatt. Nun müssen Sie nur noch die Maserung nachahmen, damit das Wachs optisch nicht mehr erkennbar ist. Tauchen Sie dafür den Pinsel in die Farbe, tragen Sie diese aber nicht sofort auf Holz auf, sondern streifen Sie den Pinsel erst einmal auf Papier ab. Ist der Pinsel fast wieder trocken, tragen Sie die Farbe in feinen Strichen auf das Holz auf, um die Maserung zu imitieren. Danach sprühen Sie ein wenig Klarlack über die Stelle, um ihre Ausbesserung zu schützen.

So verleihen Sie Oberflächen neuen Glanz

Möchten Sie die Oberfläche Ihrer Holzmöbel auffrischen, müssen Sie diese erst einmal dafür vorbereiten, indem Sie sämtliche darauf aufgetragenen Schichten entfernen. Danach behandeln Sie die Oberfläche mit dem gewünschten Stoff. Schleifen Sie sie zuerst mit Schleifpapier ab. Wiederholen Sie diesen Schritt mit verschiedenen Körnungen – von rau zu glatt. Fangen Sie beispielsweise mit 80er-Schleifpapier an, nehmen dann 160er und für das Finish 240er. Nach jedem dieser Durchgänge sollten Sie den entstandenen Schleifstaub mit einer Bürste entfernen. Danach ist die Oberfläche bei sorgfältiger Arbeit wieder glatt und bereit für die nächsten Schritte.

Müssen Sie eine Schicht Wachs entfernen, verwenden Sie hierfür bei massivem Holz ebenfalls eine Bürste – allerdings zusammen mit einer heißen Seifenlauge. Möchten Sie Furniere von Wachs befreien, eignen sich Abwachser dafür am besten. Dabei handelt es sich um Mittel, die man entweder mit einem Tuch oder auch mit einer Bürste und Wasser aufträgt und die das Wachs angreifen und abtragen. Währenddessen sollten Sie von Zeit zu Zeit sowohl Ihre Bürste als auch die Platte von Wachsrückständen befreien.

Befindet sich noch Farbe auf dem Holz können Sie diese ebenfalls abschleifen. Dies erzeugt jedoch viel Feinstaub, der zusätzlich mit

Farbresten angereichert ist. Alternativ können Sie ein Heißluftgebläse verwenden, das auf 500 bis 600°C eingestellt ist. Damit erhitzen Sie den Lack und schaben ihn anschließend mit einem möglichst steifen Spachtel ab. Dabei müssen Sie allerdings vorsichtig sein, um das Holz mit zu hohen Temperaturen nicht zu versengen. Bei Acryllacken ist diese Methode außerdem schlecht geeignet. Eine dritte Möglichkeit besteht in der Verwendung von chemischen oder alkalischen Abbeizern. Dabei handelt es sich um Lösungsmittel, die aufgetragen werden und dann die Lack- oder Farbschicht ablösen, sodass sich diese anschließend mit einem Spachtel abschaben lassen. Dabei sind allerdings die Sicherheitsvorschriften genau zu beachten, da die Lösungsmittel gefährliche Ausdünstungen verursachen.

Haben Sie die Holzoberfläche von Rückständen jeglicher Art befreit, können Sie sie nun frei nach Ihren Vorlieben weiter behandeln. Das bedeutet konkret: Sie können sie lackieren, lasieren, beizen, ölen oder wachsen.

Lacke und Farben unterteilen sich in die Kategorien Reaktionsharz-, Lösemittel- und Wasserlacke. Um Komplikationen zu vermeiden, sollten Sie für die verschiedenen Durchgänge eines Anstrichs stets Lacke desselben Typs verwenden. Als Erstes müssen Sie außerdem Grundierung auftragen, auf der die erste Lackschicht haften kann. Danach tragen Sie ein oder zwei Schichten des gewählten Lackes auf – je nachdem wie hochwertig das Ergebnis ausfallen soll. Wichtig ist ebenfalls, dass die Holzoberfläche nach jedem Anstrich leicht angeschliffen und dann wieder entstaubt werden muss.

Wenn Sie ihr Holz lasieren, verleihen Sie der Oberfläche ein anderes farbliches Aussehen und schützen das Holz außerdem vor Pilzen und

Insekten. Sofern frühere Anstriche nicht abblättern, müssen Sie das Holz außerdem nicht vorbehandeln. Nur Lack- oder Wachsschichten eignen sich für eine Lasur nicht gut. Um bestmögliche Ergebnisse zu erzielen, verwenden Sie einen breiten Flachpinsel.

Beize verändert den Farbton des Holzes noch stärker, die Maserung bleibt dennoch sichtbar. Um keine ungewollten farblichen Überraschungen zu erleben, probieren Sie die Beize am besten auf einem Holzstück desselben Typs wie der zu behandelnden Oberfläche aus. Da die Beize in das Holz eindringen muss, muss die Fläche unbehandelt sein. Sie wird ebenfalls mit einem breiten Flachpinsel aufgetragen – zuerst mit, dann gegen die Maserung. Ist die Beize eingezogen, sollte sie für längere Haltbarkeit grundiert, danach leicht angeschliffen und zum Schluss mit Klarlack lackiert werden.

Möchten Sie Ihrem Holz einen seidenmatten Glanz verleihen, sollten Sie zu Wachs greifen. Dieses eignet sich allerdings nur auf Flächen, die wenig genutzt werden, da Wachs Abrieb nicht standhält. Reines Bienenwachs eignet sich außerdem nicht, da es zu weich ist. Auch Wachs wird mit einem Flachpinsel aufgetragen, es kann aber auch ein weicher Lappen, der nicht fusselt, verwendet werden. Ist das Wachs eingetrocknet, wird es mit einer Bürste geglättet – dabei nur in Faserrichtung bürsten.

Öle heben die Maserung des Holzes besonders hervor und versiegeln die Poren des Holzes, schützen die Oberfläche aber nur gering. Das Öl sollte daher in mehreren Schichten aufgetragen werden. Dazu eignet sich ein Flachpinsel wieder am besten.

So werden Sie Flecken in Holz und Textil los

Möchten Sie nicht die gesamte Oberfläche des Holzes neu aufarbeiten, sondern lediglich Flecken im Holz entfernen, klappt dies meist gut – zumindest, wenn diese noch frisch und nicht bereits in das Holz eingedrungen sind. Ist das Holz mit keiner Schutzschicht versehen, also unbehandelt, sollte lediglich Wasser zur Reinigung verwendet werden. Fügt man diesem Zitronensaft oder Essig hinzu, kann man außerdem Gerüche bekämpfen. Dabei ist zu beachten, dass das Holz von selbst trocknet und nicht durch äußere Einflüsse wie Hitze beschleunigt wird. Ansonsten riskiert man Risse. Sind die Verschmutzungen hartnäckig, kann Scheuerpulver zu Hilfe genommen werden. Die Scheuerbewegungen sollten dabei entweder kreisförmig oder entlang der Maserung ausgeführt werden. Quer zur Maserung können Furchen entstehen.

Sollte auch dies keine Wirkung zeigen, können Sie ein Gemisch aus Wasser und Pfeifenerde auftragen und dies 24 Stunden einwirken lassen. Danach waschen Sie es mit klarem Wasser ab und wiederholen diesen Vorgang, bis die Stelle wieder sauber ist.

Wenn dadurch noch keine Besserung aufgetreten ist, bleibt meist nur noch das Abschleifen und Neulackieren der Fläche. Dazu verwenden Sie einen Schwing- oder Bandschleifer mit 120er-Schleifpapier. Danach entfernen Sie den Schleifstaub, wischen die Fläche, grundieren sie und lackieren sie anschließend mit dem gewünschten Lack.

Für die Fleckenentfernung in Textilien verwenden Sie am besten zuerst auch nur Wasser. Idealerweise destilliertes Wasser, da Wasser weiße Ränder hinterlassen kann, je mehr Kalk es enthält. Welche chemischen Reinigungsmittel Sie verwenden sollten, hängt von der Art des Textils und der Flecken ab, genauso wie die Anwendungsart. Lesen Sie dafür am besten auf der Flasche des Mittels nach, für welche Gewebe es sich eignet und wie es aufgetragen wird. Achten Sie außerdem darauf, die Textilien nicht so stark zu durchnässen, dass Abfärbungen entstehen können oder sich Schimmel bildet. Verwenden Sie am besten aufsprühbare Polsterschäume oder Trockenschaumreiniger. Diese tragen Sie auf, lassen Sie einwirken und entfernen anschließend sämtliche Schmutzrückstände mit einem Staubsauger mit Polsterdüse.

Wie Sie Möbel reparieren

Da Möbel nicht nur herumstehen, sondern auch beansprucht werden, nutzen sie sich dementsprechend ab und können mit der Zeit kaputtgehen. Der häufigste Defekt ist das Lösen von Verbindungen: Tisch- oder Stuhlbeine, die plötzlich lose werden, Schubladen, von denen sich Teile lösen, Regalbretter, die ausfallen. Solche Probleme können die Nutzung eines Gegenstandes stark negativ beeinflussen, sind aber noch lange kein Grund, das gesamte Möbelstück auf den Sperrmüll zu verfrachten. Stattdessen sollte man versuchen, den Ausgangszustand wiederherzustellen.

Dafür ist es zunächst wichtig, die Art der Verbindung zu kennen. Die wichtigste Unterscheidung ist zwischen lösbar und unlösbar. Erstere werden durch Beschläge wie Dübel zusammengehalten oder passgenau ineinandergesteckt. Unlösbare Beschläge hingegen werden zusätzlich mit Leim fixiert und lassen sich dementsprechend nur durch Zerstörung trennen.

Um Verbindungen zu lösen, greifen Sie zu einem Hammer geeigneter Größe und schlagen damit auf das zu lösende Teil, während Sie das Gegenstück mit Ihrer anderen Hand festhalten. Wichtig dabei ist, dass

Sie mit dem Hammer nicht direkt auf das Holz schlagen, sondern dazwischen ein anderes Holzstück legen. Dieses Stück wird auch als „Zulage“ bezeichnet. Fixieren Sie diese mit einer Schraubzwinge, so haben Sie noch eine Hand frei zum Halten des Möbelstücks. Außerdem sollten Sie sich die Anordnung und Lage der Teile, die Sie entfernen, für den Wiederzusammenbau merken, notieren oder fotografieren. Haben Sie die Teile voneinander gelöst, müssen Sie den alten Leim entfernen. Dafür schaben Sie mit einer Messerklinge beinahe parallel zum Holz über die Fläche. Passen Sie dabei darauf auf, kein Holz abzutragen.

Möchten Sie Holzverbindungen hingegen wieder stabilisieren, hängt die gewählte Methode von der Art der Verbindung ab. Besteht diese aus einem Zapfen, der in eine passende Aussparung gesteckt wird, helfen Sie mit ein wenig Leim nach. Dafür füllen Sie etwas Leim in eine Spritze. Anschließend bohren Sie gegenüber vom Zapfen ein Loch, in das die Spitze der Spritze gut hineinpasst, und injizieren den Leim. Löst sich ein Tischbein aus seiner Ecke, sägen Sie einen dreieckigen Klotz mit einer Aussparung für das Bein zurecht und schrauben diese so an, dass er das Tischbein wieder fixiert. Bei Schubladenecken, die sich voneinander lösen, gehen Sie ähnlich vor. Hier genügt allerdings ein Klotz in Form eines rechtwinkligen Dreiecks. Der rechte Winkel wird nun von innen in die Schubladenecke geleimt. Um diesen zu fixieren, installieren Sie eine Schraubzwinge. Damit diese aber nicht gegen die spitze Außenkante der Schubladenecke drücken muss, legen Sie einen weiteren Klotz von außen an die Ecke. Dieser muss dafür eine rechtwinklige Aussparung haben.

Regalbretter werden meist von kleinen Stiften in passenden Löchern getragen. Diese Löcher können sich mit der Zeit allerdings abnutzen und den Stift nicht mehr wie vorgesehen halten. Nun können Sie Ihr

Regalbrett entweder um eine Reihe nach oben oder unten verschieben, oder Sie machen das Loch wieder tragfähig. Dafür nehmen Sie das Brett heraus und füllen das betroffene Loch mit einem Spachtel mit zweikomponentiger Spachtelmasse aus. Dabei handelt es sich um Spachtel, der vor der Verarbeitung mit einem Härter gemischt werden muss. Anschließend können Sie innerhalb eines bestimmten Zeitraumes, der auf der Verpackung angegeben ist, verarbeitet werden. Das Mischverhältnis von Spachtelmasse und Härter finden Sie dort ebenfalls. Nun warten Sie 24 Stunden, bis der Spachtel vollständig ausgehärtet ist, und können anschließend ein Loch in die Spachtelmasse bohren, in das der Stift des Regalbretts hineinpasst.

Herausgerissene Beschläge, beispielsweise von Schranktüren, reparieren Sie auf ähnliche Art und Weise. Zunächst schrauben Sie den Beschlag – und was er hält – vollständig ab. Danach müssen Sie die betroffene Stelle von sämtlichen losen Partikeln befreien, indem Sie diese mit einem scharfkantigen Beitel oder Stemmeisen ausschaben. Nun eignen sich Reparaturpasten zum Ausfüllen der Schadstelle am besten. Diese tragen Sie großzügig auf und drücken den Beschlag anschließend in die für ihn vorgesehene Topfbohrung. Dies ist die kreisrunde Aussparung neben den Schraublöchern. Der Beschlag drückt die Reparaturpaste dadurch passgenau in die Aussparung. Ist die Paste dann ausgehärtet, schrauben Sie die Halteschrauben des Beschlags mit einem Akkubohrer einfach in die vorgesehene Stelle.

HEIZUNG

Diese Fehlerquellen Ihrer Heizung können Sie überprüfen

Während Ihre Heizung im Sommer wohl keine Rolle spielt, ändert sich dies im Winter. Nun ist sie von zentraler Bedeutung, und wenn sie ausfällt, muss sofort eine Lösung gefunden werden. Meist hilft dabei nur ein Fachmann – zunächst können Sie aber verschiedene Fehlerquellen selbst überprüfen. Überprüfen Sie beispielsweise, ob die Stromzufuhr abgeschaltet ist, weil eine Sicherung herausgesprungen ist. Weitere Fehlerquellen sind ein zugedrehter Gashahn oder ein zu niedriger Ölstand.

Welcher Fehler in Ihrem System infrage kommen kann, hängt zentral davon ab, welches Heizungssystem in Ihrem Haus oder in Ihrer Wohnung installiert ist. Die Möglichkeiten sind vielfältig. Die am weitesten verbreiteten Systeme sind die Gas- und die Ölheizung. Sie verbrennen ihren jeweiligen Treibstoff in einem Kessel, erwärmen damit Wasser und pumpen dieses warme Wasser nun über Rohre in die Heizkörper Ihrer einzelnen Räume. Der Ölkessel gibt dabei den Ölstand entweder über eine Anzeige an, oder Sie müssen ihn mit einem Peilstab ermitteln wie bei einem Auto.

Auch der Wasserstand im Heizungssystem kann irgendwann zu niedrig sein und muss dann von Ihnen aufgefüllt werden. Der Wasserstand hat direkte Auswirkung auf den Wasserdruck. Dieser wird ebenfalls in der Nähe des Heizkessels über Anzeigen angegeben. Je niedriger der Wasserstand ist, desto niedriger ist auch der Wasserdruck, wodurch die Heizleistung verringert wird. Manche Heizungen schalten sich bei zu niedrigem Druck sogar automatisch ab. Wie hoch der optimale Druck in Ihrem Heizungssystem sein sollte, erfahren Sie am besten von einem Installateur. In einem Einfamilienhaus sollte er zwischen 1 und 2 Bar liegen. 1 Bar sollte er aber nie unterschreiten – in diesem Falle sollten Sie sofort Wasser nachgießen.

Dafür drehen Sie zuerst sämtliche Heizungsventile im Haus vollständig auf und deaktivieren dann die Umwälzpumpe der Heizung. Für das Auffüllen verwenden Sie am besten einen Gartenschlauch, der an einen Wasserhahn angeschlossen ist. Dieser wird dann an den Schlauchanschluss der Heizung angeschlossen. Um zu verhindern, dass Luft in das System kommt, sollten Sie den Schlauch zuerst mit Wasser füllen, bevor Sie ihn an die Heizung anschließen. Sollten Sie zu viel Wasser eingefüllt haben, schrauben Sie den Schlauch vom Wasserhahn ab und legen sein Ende in einen Abfluss.

Nach dem Auffüllen des Wassers sollten Sie außerdem die Ventile entlüften. Dafür muss die Umwälzpumpe deaktiviert sein. Mit einem Heizkörperschlüssel, einem sogenannten Innenvierkant, können Sie das Entlüftungsventil öffnen. In manchen Fällen ist dies auch mit einem Schraubenzieher möglich. Das Entlüftungsventil sitzt am gegenüberliegenden Ende des Thermostatventils, also auch gegenüber vom Heizungsrohr. Drehen Sie das Thermostatventil vollständig auf, und öffnen Sie nun das Entlüftungsventil. Lassen Sie das Ventil so lange geöffnet, bis ein konstanter Wasserstrahl austritt. Mit einem Eimer oder einer Schüssel fangen Sie das austretende Wasser auf und schließen nun das Ventil wieder. Überprüfen Sie anschließend erneut den Wasserdruck im System, und füllen Sie, wenn nötig, Wasser nach. Am Ende können Sie dann das Heizkörperventil nach eigenem Wunsch einstellen.

Wie Sie Ihre Heizung optimieren

Möchten Sie die Heizwirkung Ihrer Heizung optimieren, müssen Sie möglichen Wärmeverlust Ihrer Wasserleitungen so gut wie möglich vermeiden. Hier ist es äußerst ratsam, diese zu dämmen. Wie dick die Dämmschicht sein muss, ist vorgeschrieben und hängt von der Dicke der Heizungsrohre ab. Bei Rohren bis 20 mm Durchmesser muss die Dämmschicht mindestens auch 20 mm dick sein. Bei Rohren zwischen 22 und 35 mm Dicke muss die Dämmschicht 22 bis 35 mm betragen. Rohre zwischen 40 und 100 mm müssen mit einer Dämmschicht gedämmt werden, die so dick ist wie der Rohrdurchmesser. Bei Rohren über 100 mm muss die Dämmschicht 100 mm betragen. Welches Material Sie am besten verwenden sollten, hängt von der Dicke der Rohre ab. In den meisten Fällen bieten sich selbstklebende PE (Polyethylen)-Isolierschläuche an. Diese werden im richtigen Durchmesser gekauft und dann einfach um die Rohre geklebt. Die einzige Herausforderung stellen Bögen der Rohre dar. Um die Schläuche dafür zuzuschneiden, arbeiten Sie am besten mit einer Gehrungslade. Dies ist eine Schiene, in die Sie den Schlauch hineinlegen und dank vorgefertigter Schlitze darin Schnitte im 45-Grad-Winkel durch den Schlauch durchführen können.

Schneiden Sie beide Enden des Schlauches, die Sie aneinanderlegen möchten, auf diese Weise zurecht, dann ergeben sie einen perfekten rechten Winkel und lassen keine Wärme entkommen.

Ein Thermostatventil ist in den meisten Heizungen bereits verbaut – in alten Systemen kann dies allerdings noch fehlen. In diesem Fall ist es sehr zu empfehlen, dieses nachzurüsten. Damit ein Thermostatventil optimal funktioniert, sollte es in direktem Kontakt mit der Raumluft stehen. Der Heizkörper sollte also nicht hinter einer Verkleidung sein oder von einer Gardine überdeckt werden. In diesen Fällen sollten Sie ein Ventil mit einem Fernfühler verbauen.

Für den Austausch deaktivieren Sie die Heizung und lassen das Wasser im betroffenen Heizkörper so weit ab, bis es unterhalb des Ventils steht. Deshalb müssen Sie den Heizkörper am Ende des Austauschs entlüften. Zunächst sollten Sie überprüfen, ob das neue Ventil hinsichtlich der Länge mit dem alten Ventil übereinstimmt. Nun halten Sie das Ventil mit einer Zange fest und lösen dessen Verschraubung zum Heizkörper. Als Nächstes lösen Sie die Verschraubung des Ventils auf der anderen Seite. Dafür müssen Sie mit einer Zange das Heizungsrohr festhalten und das Ventil drehen. Da diese aber meist dicht an der Wand angebaut sind, müssen Sie wahrscheinlich erst den Stellknopf der Heizung abschrauben, um das Ventil drehen zu können. Dafür lösen Sie dessen Feststellschraube mit einem Schraubenzieher und ziehen den Stellknopf anschließend ab. Dann drehen Sie das Ventil heraus.

Mit einem sogenannten Stufenschlüssel können Sie nun bei Bedarf die alten Ventilnippel herausdrehen. Sollte ihre Heizung Wasser verlieren, ist dies die erste Stelle, die Sie überprüfen und austauschen sollten. Den neuen Ventilnippel umwickeln Sie mit Dichtband (straff rechtsherum wickeln), damit dort kein Wasser mehr austreten kann. Auch das Gewinde des Heizungsrohres sollten Sie auf diese Weise neu abdichten.

Sind beide Gewindeseiten abgedichtet, schrauben Sie das neue Ventil per Hand auf das Heizungsrohr, das Sie wieder mit einer Zange festhalten. Dann schrauben Sie die Überwurfmutter auf der Heizungsseite fest und halten dieses Mal das Ventil mit einer Zange fest. Füllen Sie nun das Heizungswasser wieder auf, und überprüfen Sie die Verbindungen auf Dichtigkeit. Zuletzt schrauben Sie den Thermostatkopf auf das Ventil und können Ihre Heizung, nach der Entlüftung, nun wieder benutzen.

Eine weitere Optimierung Ihrer Heizung kann das Streichen der Heizkörper betreffen, auch wenn diese nur optischer Natur ist. Da Heizkörper aber ohnehin nicht sonderlich ästhetisch sind, ist es erstrebenswert, dass sie immerhin schön gestrichen sind.

Dafür müssen Sie zunächst eventuelle Roststellen mit Schleifpapier (120er bis 180er) beseitigen. Legen Sie zuvor altes Zeitungspapier und/oder Plastikfolie unter dem Heizkörper aus, und arbeiten Sie nur an kalten Heizkörpern. Kleben Sie außerdem alle benachbarten Flächen vorher ab. Anschließend reinigen Sie den Heizkörper mit einem Küchenschwamm und Seife und spülen ihn danach mit Wasser ab. Sofern der alte Lack nicht beschädigt ist, können Sie ihn einfach überstreichen. Blättert der alte Lack allerdings ab, sollte er vollständig entfernt werden. Dafür verwenden Sie am besten einen Abbeizer, beispielsweise Salmiakwasser, oder einen speziellen Lackentferner.

Eventuelle Schadstellen sollten mit einer Grundierung für den Lackanstrich vorbereitet werden.

Lack können Sie entweder auf Kunstharzbasis oder als wasserverdünnbaren Heizkörperlack kaufen. Letzterer ist die umweltfreundlichere Variante. Die Entscheidung, ob Sie Ihre Heizung weiß oder farbig, matt oder glänzend lackieren wollen, liegt ganz bei Ihnen. Ein oder zwei Anstriche genügen. Fangen Sie zuerst mit schwer zugänglichen Stellen an, die Sie mit einem Pinsel bearbeiten, und streichen Sie die restlichen Flächen anschließend mit einer Heizkörperrolle. Entscheiden Sie sich für einen zweiten Anstrich, muss der erste Anstrich dafür erst getrocknet sein und leicht angeschliffen werden. Lassen Sie, nachdem Sie fertig geworden sind, den Lack vollständig trocknen, und drehen Sie die Heizung dann einmal voll auf.

SICHERHEIT

Wie Sie Einbrüchen effektiv vorbeugen

Haben Sie sämtliche Arbeiten an Ihrem Eigenheim beendet, sollten Sie sich Gedanken darüber machen, ob alle Sicherheitsstandards der Norm sowie ihren eigenen Ansprüchen entsprechen. Damit ist nicht gemeint, dass Kabel so verlegt worden sind, dass kein Kabelbrand entsteht oder ob der Elektroherd richtig angeschlossen wurde. Dies muss natürlich beim Einbau gewährleistet werden!

In diesem Kapitel sollen hingegen zusätzliche Sicherheitsvorkehrungen besprochen werden – gegen Einbrecher beispielsweise oder gegen Brände.

Einbruchsicherheit beginnt bei Ihrer Eingangstür: Ein stabiler Rahmen, eine schwere Tür und vor allem ein sicheres Schloss gewährleisten Sicherheit gegenüber Eindringlingen. Das Budget, das Sie für eine sichere Tür ausgeben können, ist nach oben hin offen. Selbiges gilt für verstärkte Sicherheitsfenster, teure Alarmanlagen sowie ähnliche Vorkehrungen. Es sollte allerdings, wie alle anderen Vorkehrungen, die Sie zur Verbesserung Ihrer Sicherheit ausgeben wollen, in einem verhältnismäßigen Rahmen stehen. Haben Sie Bedenken bezüglich mancher Vorkehrungen in Ihrem Haus, suchen Sie am besten ein Kontaktbüro der Polizei auf und lassen sich dort beraten. Die Beamten dort können Ihnen am besten sagen, welche Änderungen Sinn machen und welche in Bezug auf Ihren Kostenaufwand nicht verhältnismäßig zum Nutzen wären. Zu stärkeren Türen, Fenstern und Alarmanlagen können Sie sich zudem gut im Baumarkt beraten lassen, spezifisch auf Ihre Wohnsituation und Ihr Budget angepasst.

Unabhängig davon gibt es allerdings manche Maßnahmen, die Sie ergreifen können, um Einbrecher einfach und wirksam abzuschrecken. Das Installieren eines Bewegungsmelders wäre die erste Option. Auch wenn diese nur eine Lampe betätigen, entfaltet dies schon große abschreckende Wirkung. Schließlich meiden Einbrecher das „Rampenlicht". Einfache Bewegungsmelder bieten meist wenig Möglichkeit, präzise Einstellungen vorzunehmen. Dazu gehört die Einstellung des Bereichs, in dem der Sensor ausschlägt oder die gewünschte Dunkelheit draußen, ab der der Melder aktiv wird. Teurere Bewegungsmelder hingegen lassen sich präziser sowie auf mehrere Bereiche gleichzeitig einstellen. Außerdem können sie problemlos deaktiviert werden, sofern dies gewünscht ist, meist sogar per Fernbedienung.

Um eine Außenleuchte mit einer Lampe mit Bewegungsmelder auszutauschen, deaktivieren Sie zuerst die Stromzufuhr der Leuchte per Sicherung. Um sicherzugehen, sollten Sie die Kontakte dennoch mit einem Spannungsprüfer auf Spannungsfreiheit kontrollieren. Dann schrauben Sie die alte Leuchte ab, lösen die Kontakte, schrauben die Grundplatte des Bewegungsmelders an, verkabeln diesen und setzen dann das Gehäuse auf. Danach können Sie Einstellungen wie Sensorbereich und Einschaltdauer vornehmen.

Im Zuge dieser Erneuerung können Sie überdies eine Türkamera installieren. Diese können sich in der Regel mit Ihrem Heim-WLAN-

Netz verbinden und so jederzeit sehen, wer gerade vor Ihrer Tür steht – unabhängig davon, wie weit Sie von zu Hause entfernt sind, vorausgesetzt, Sie haben Internetzugriff.

Man sagt, Gelegenheiten machen Diebe – eine leere Wohnung oder ein leeres Haus ist eine solche Gelegenheit. Da Sie aber nicht durchgängig zu Hause sein können, besteht die Möglichkeit, Ihre Anwesenheit vorzutäuschen. Bestimmte Modelle von Rollläden oder Jalousien öffnen und schließen sich beispielsweise automatisch, manche sogar nach den typischen Sonnenauf- und -untergangszeiten.

Um Ihr Haus gerade bei Dunkelheit belebt erscheinen zu lassen, gibt es sogenannte Dämmerungsschalter. Diese können die Hausbeleuchtung abhängig von der Zeit oder sogar Dämmerung an- und ausschalten. An Zeitschaltuhren gekoppelte Lichter, die Fernseher simulieren, sind weitere Möglichkeiten, um Ihre Anwesenheit vorzutäuschen. Sie geben farbliche Muster wieder, die von außen den Eindruck erwecken, dass ein Fernseher läuft.

Möchten Sie bestimmte Räume innerhalb Ihres Heimes schützen wie beispielsweise ein Arbeitszimmer, sollten Sie bei dessen Türen keine normalen Zimmerschlösser mit Buntbartschlössern verwenden, sondern verlässlichere Schließzylinder. Darüber hinaus können Sie über die Anschaffung eines Safes nachdenken, in dem Sie bestimmte Wertsachen lagern.

Wie Sie Hausbrände bestmöglich vermeiden

Neben Einbruchs- und Diebstahlsicherheit ist Brandschutz ein weiteres wichtiges Thema. Allein in Deutschland entstehen jedes Jahr 200.000 Brände in Eigenheimen. Einbrüche und Einbruchsversuche hingegen gibt es jährlich nur um die 100.000. Daher lohnt es sich, Vorsorge zu betreiben, um die Gefahr eines Brandes so gering wie möglich zu halten. Denn die möglichen Brandursachen sind vielfältig: beschädigte Kabel, überhitzte Elektrogeräte, offene Feuer (Kerzen, Kamine, etc.), Rauchen im Bett, überlastete Steckdosenleisten und viele mehr. Sie sollten daher mögliche Brandursachen nie unbeaufsichtigt lassen und bestenfalls doppelt überprüfen, ob Sie ihren Herd ausgeschaltet oder alle Kerzen ausgeblasen haben. Sorgen Sie außerdem dafür, dass Elektrogeräte Zugang zu genug Luftzirkulation haben, um Überhitzungen vorzubeugen.

Außerdem sollte in jedem Raum ein Rauchmelder installiert sein. Diese testen Sie zusätzlich abhängig von den Herstellerangaben auf ihre Funktion. Beachten Sie dabei, dass ein Rauchmelder einen 60 m^2 großen Raum abdecken kann. Der Rauchmelder sollte zudem stets mittig befestigt werden. In L-förmigen Räumen, die 60 m^2 Fläche überschreiten, sollte auf beiden Raumseiten ein Rauchmelder installiert sein. Ist ein großer Raum durch Stellwände, Teilwände oder große Möbel aufgeteilt, sollte in jedem der Teilbereiche ein Rauchmelder installiert sein. Da es gerade in der Küche beim Kochen oft zu Fehlalarmen Ihres Rauchmelders kommen kann, empfiehlt es sich, diesen hier an der Wand zu installieren.

Sie sollten Rauchmelder stets strikt nach der Bedienungsanleitung und nur mit den beigegebenen Schrauben, Dübeln oder dem Klebepad befestigen. Außerdem müssen Sie immer waagerecht und an der Decke hängen, da sich dort der Rauch sammelt. Herrscht irgendwo starke Zugluft, an Fenstern, Türen oder Luftschächten beispielsweise, sollten Sie den Rauchmelder dort nicht installieren. Außerdem müssen Sie darauf achten, dass der Rauchmelder nicht durch Schränke oder Ähnliches verdeckt wird. Streichen Sie ihre Decke, müssen Sie die Rauchmelder abnehmen und dürfen diesen auf keinen Fall überstreichen, da sonst die Lüftungsschlitze blockiert werden könnten. Installieren Sie Ihren Rauchmelder in der Dachspitze, hängen Sie ihn nicht am höchsten Punkt, sondern 30 bis 50 cm darunter auf.

Rauchmelder, die mit einem „Q“ für Qualität versehen sind, sind langlebiger, lösen weniger häufig Fehlalarme aus, sind stabiler und haben verbesserte Batterien, die mindestens zehn Jahre Lebensdauer aufweisen. Diese Modelle sind daher sehr zu empfehlen.

Auch die Anschaffung eines Feuerlöschers lohnt sich. Der Pulverlöscher ist hier die am meisten verbreitete Art des Feuerlöschers. Da er aggressive Chemikalien versprüht, kann er sich allerdings destruktiv auf Ihre Inneneinrichtung auswirken – ein Brand jedoch ebenfalls. Ein Fettbrandlöscher ist speziell für Fettbrände in der Küche ausgelegt. Alternativ dazu können Sie eine Löschdecke anschaffen. Diese ist neben Küchenbränden vor allem bei entstehenden Bränden sehr hilfreich und nicht destruktiv. Außerdem erfordert sie keine Wartung.

Vor allem in Ihrer Küche können Sie auch sogenannte F90-Brandschutzfenster installieren. Diese sind feuerbeständig, feuerfest und hitzebeständig und leisten einen wichtigen Beitrag, um den Brand einzudämmen.

Zusätzlich zu den bereits genannten Maßnahmen sollten Sie außerdem mit Ihrem Partner und vor allem auch mit Ihren Kindern über Brandschutz sprechen: wie Sie gemeinsam das Risiko eines Brandes minimieren können und sich im Falle eines Brandes verhalten sollten. Ein gut informierter Haushalt und gegenseitige Rücksichtnahme können Leben retten!

NACHWORT

Wenn Sie sich dieses Buch gekauft haben, dann aus dem Wunsch heraus, Ihr Heim zu verschönern oder zu verbessern. Sicherlich werden Sie nicht alle Arbeiten, die in diesem Buch beschrieben worden sind, durchgeführt haben – dafür waren es viel zu viele. Zum anderen sind Ihnen womöglich Probleme begegnet, die auf den vorherigen Seiten nicht abgedeckt worden sind. Auch davon gibt es leider noch zu viele, um sie alle in einem Buch zusammenzufassen. Jedes Haus, jede Wohnung, jedes Projekt stellt außerdem individuelle Ansprüche an jenen, der sich ihnen widmet. In letzter Instanz braucht es daher immer *Sie*, um zu entscheiden, welche Herangehensweise die beste ist. Dieses Buch sollte Sie dabei unterstützen, diese Entscheidungen bestmöglich fällen zu können. Es sollte Sie so gut wie möglich auf sämtliche bevorstehenden Hürden und Herausforderungen vorbereiten und Sie ermutigen, jedes Problem zu beseitigen.

Ich hoffe sehr, Ihnen mit diesem Buch dabei geholfen haben zu können, dem Traum des perfekten Eigenheims so nah wie möglich zu kommen. Ich hoffe, Sie auf Ihrem Weg unterstützt und Ihnen Mut gemacht zu haben, Probleme selbst anzugehen, anstatt auf die Hilfe anderer angewiesen zu sein. Machen Sie weiter so, und lassen Sie sich von eventuellen Rückschlägen niemals kleinkriegen. Holen Sie stattdessen tief Luft, überdenken Sie Ihren Ansatz, und versuchen Sie es dann erneut!

Printed in Poland
by Amazon Fulfillment
Poland Sp. z o.o., Wrocław

10485172R00065